人人做得到的
網路資料 整理術

Excel VBA

AI時代一定要會的工作技巧，
大數據資料不再複製、貼上做到死！

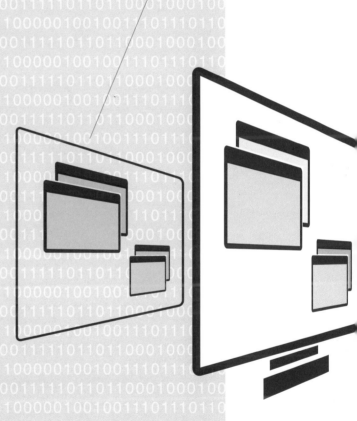

贊贊小屋——著

CONTENTS

Chapter 3 Excel 借閱排行

如何追蹤排名資料，掌握趨勢

Chapter 4 Excel 牌告匯率

如何讓不同來源的報表，以整齊的形式表現

CONTENTS

作者序 打開EXCEL的wifi開關之後——
你就可以連接AI科技的浪潮

　　工作中運用Excel的場合，通常是手工維護好的報表、或者企業ERP系統產生的報表，藉助Excel做一些統計分析、匯總呈現的處理，過程中，Excel是單純的資料處理軟體。

　　這本書介紹Excel一個隱藏密技：取得網頁資料。從被動地接受資料再處理，轉換成主動取得資料和自動整理，將Excel插上瀏覽器的翅膀，訪問全球資訊圖書館上的任何一個網頁。

　　想想看，打開Excel的wifi開關，可以做些什麼？

　　首先，如果是文藝愛好者，列出最喜歡的博物館或美術館，讓Excel自動跑去這些美術館或博物館官網，抓取當前展覽活動，下載整理成個人偏好的格式，如此不用每次一個個到各個官網查看，Excel像個小秘書，幫忙收集那些想要的資訊。

　　或者常常出差往返各地，或者親戚朋友同事在各個不同城市生活，希望每天到辦公室打開電腦，Excel便是個人客製化天氣預報台，一目瞭然這些地方最近幾天的天氣狀況如何。

除了藝文展覽和天氣預報這些生活上應用，Excel 最重要功能還是在工作上的文書處理。出版社編輯取得每月或每周排行榜資料，累積起來了解目前市場上的趨勢；財務人員定期取得銀行匯率利率資料，作為集團龐大資金操作的參考；企業管理階層取得幾家相關產業公司的財務報表，綜合分析比較出同業的利潤水平和發展趨勢；價值型投資者，不間斷更新手中股票的股價營收獲利等狀況，作為買進賣出的判斷依據；事務所會計師必須掌握最新的稅務法規，因為工作繁忙，最好可以即時直接推送到手機郵箱。

以上，諸如此類種種工作需求，在本書各章節都有適當的案例分享。

如今身處大數據時代，所有資訊皆以電子形式呈現在網頁上，既然 Excel 是職場上普遍使用的工具，只要稍加學習，設計好程式，熟悉的 Excel 化身為機器人，自動取得網頁資料並且「就地後加工」，如此符合工業 4.0 資訊流先進趨勢。 雖然，Excel 畢竟並非專門工具，無法處理真正的巨量大數據，但是依照自己的生活興趣和工作需要，編寫 VBA 程式打開 Excel wifi，建立資料庫和匯總報表、完全專屬個人的「大數據分析」，「Work with Excel on line, work smart ！」，此為本書宗旨。

那麼，跟著本書腳步，開始偉大航線！《人人做得到的網路資料整理術！》

贊贊小屋

Chapter 1 Excel藝文展覽

如何把網頁的資料下載到自己的EXCEL，建立個人資料中心

　　Excel支持取得網頁資料。在這個網路上什麼都有的年代，聯網，等於和一切資訊接軌。基於此特性延伸，有很多種玩法，小至每天瀏覽網路新聞、投資理財資訊整理、大至瞭解書籍暢銷排行榜、財務報表產業趨勢，都可以藉助Excel取得資料、儲存內容、分析數據，最近很流行「大數據」這個名詞，工作中離不開Excel的我們，應該嘗試把Excel的「wifi」打開，看看還能用Excel做些什麼。以下分享Excel如何閱讀網站新聞：

1-1 網站資料取得

　　如何把你有興趣的不同網站資訊用EXCEL整合？職場大家壓力都很大，建議多看展覽舒緩壓力。因此以下用整合4家機構的網站資訊為例子進行說明。

1 高雄市立美術館：「http://www.kmfa.gov.tw/Exhibition.aspx」，

2 除了手機和電腦，除了 IE 和 Chrome，也直接打開 Excel：「資料」、「取得外部資料」、「從 Web」。

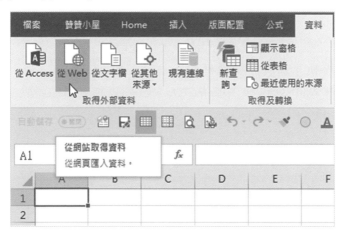

3 於「地址」欄位輸入高雄市立美術館的網址，按下「到」，等到視窗裡的網頁跑完了，把最左上角的框框打勾，從黃色變成綠色，表示選取了整個網頁，「匯入」。

4 在跳出來的「匯入資料」視窗，「將資料放在」「目前工作表的儲存格」，這裡是選擇所取得資料放置於儲存格的位置，除了預設選項之外，可以選擇「新工作表」，也可以按「內容」進一步設置，如果沒有其他特別需要，直接「確定」即可。

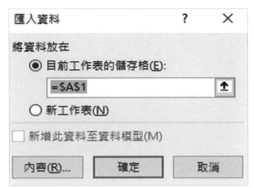

5 經過一番處理，順利把網頁資料都下載到 Excel 工作表上。

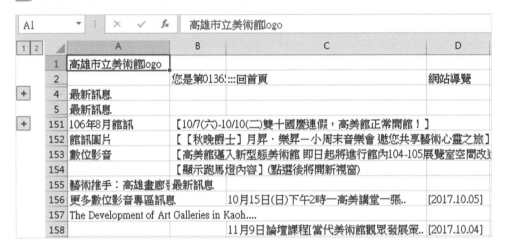

6 在另一個工作表設計表格稍加引用，便是 Excel 版的藝文展覽活動，完全個人化訂製！

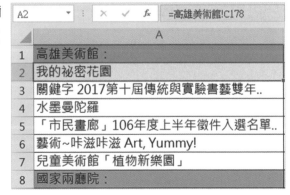

7 除了高雄美術館,再加上故宮博物館:「https://www.npm.gov.tw/index. aspx」、國家兩廳院:「http://npac-ntch.org/zh/programs/hosted」、歷史博物館:「http://www.nmh.gov.tw/zh/exhibition_now.htm」所以最喜歡的藝文展覽最新活動,全在這了,如果不夠、不喜歡,可以自行增補替換。

B8	▼ : × ✓ fx	歷史博物館:
	A	B
1	高雄美術館:	故宮博物院:
2	我的祕密花園	國寶的形成—書畫菁華特展
3	關鍵字 2017第十屆傳統與實驗書藝雙年..	筆墨見真章—歷代書法選萃
4	水墨曼陀羅	別有可觀—受贈寄存書畫展
5	「市民畫廊」106年度上半年徵件入選名單..	名山大川—巨幅名畫展
6	藝術~咔滋咔滋 Art, Yummy!	適於心—明代永樂皇帝的瓷器
7	兒童美術館「植物新樂園」	故宮．熊讚
8	國家兩廳院:	歷史博物館:
9	非常林奕華《聊齋》	時間的遺產—原直久攝影
10	2017兩廳院聖誕音樂會《紐約爵士耶誕夜》	不可思議的生命力 - 游忠平陶瓷雕塑個展
11	唱遊四季—陳銳與泰雅學堂音樂會	舊文物•新眼光 - 【喜新戀舊會客室】專題
12	台南人劇團《天書第一部:被遺忘的神》	東方綺思:傳統與當代時尚
13	2017兩廳院耶誕點燈《希望織光》	洞悉所有—七感體驗時尚特展
14	莎士比亞的妹妹們的劇團《重考時光》	館藏精選文物展

　　如此大費周張,乍看之下很不效率。因為無論電腦還是手機,最適合閱讀網頁的仍然是瀏覽器,IE、Chrome、Firefox等等,效能上一定都比Excel強。但是,Excel所能做的,不僅僅是閱讀而已,一旦取得了原始資料,等於納入Excel掌握。如同本篇文章所示,抓取特定資料予以編輯組合,這是唯讀型的瀏覽器做不到的。以取得資料的方法論,既然是Excel,可以巧妙運用巨集、VBA等高階工具執行,以取得資料的整理論,可以樞紐、排序、圖表等種種統計分析,這些將於往後章節分享。

Memo --

1-2 現有連線整理

上一節介紹Excel如何取得最新藝文展覽的消息，通常這一類網頁是動態的、即時更新的，所以我們在瀏覽相關網頁時，每次開啟網頁都會去抓最新的內容，瀏覽器也都有重新載入或者刷新的選項，可以設定我的最愛或者書籤列的功能。Excel既然開通了連結網頁的功能，當然也會有類似的便利操作，以下具體介紹：

1 「資料」頁籤、「取得外部資料」區塊、「現有連線」：使用現有連線取得資料（從常用來源匯入資料）。

2 開啟「現有連線」視窗，在「活頁簿中的連線」看到有4行資料，滑鼠右鍵：「編輯連線內容」。

3 開啟「連線內容」視窗，一看便知道這是個很方便的工具。

Memo ▬ ▬ ▬ ▬ ▬ ▬ ▬ ▬ ▬ ▬

4 先移到「定義」頁籤，在「連線字串」是這個連線所連結的網址：「http://www.kmfa.gov.tw/home01.aspx?ID=1」（高雄市立美術館），然後點選「編輯查詢」，便是上一節的「編輯 Web 查詢」界面。

5 編輯「使用方式」，將「每隔60分鐘自動更新一次」及「檔案開啟時自動更新」打勾，「連線名稱」為「藝文展覽1」，「描述」為「高雄美術館」。

6 把4個「活頁簿中的連線」都編輯過。

7 等60分鐘後更新，或者關閉檔案再開啟，可以看到左下角有個「正在執行背景查詢」、右下角有個「正在複製web的資料到工作表」表示Excel在更新「現有連線」的網頁資料。

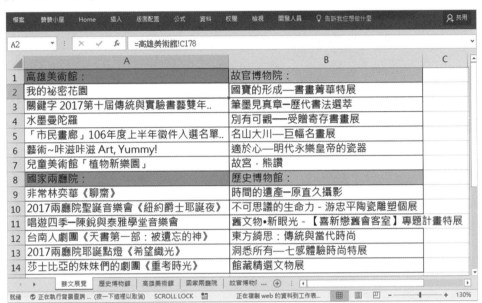

　　如同這一節最後圖片所示，更新後內容和上一節相同，這是因為網頁內容並沒有變化。不過這裡的連線設定上，是分別把四個網頁內容下載到四個工作表，然後再彙總引用到同一工作表，例如「＝高雄美術館!C178」。由於所連結的儲存格固定，一旦網頁內容的位置有稍微更動，下載到Excel的儲存格排列也會跟著動，而原先的固定連結會錯亂掉，因此有需要多加瞭解網頁內容型態，Excel的連結設定也必須更加聰明一點，這些將於下一節介紹具體方法。

Box

　　在Excel的運用中，在特定儲存格中輸入「＝高雄美術館！C178」，意思是該儲存格的內容是複製自「高雄美術館」工作表的C178儲存格。其中！之前的名詞即是工作表的名稱。

1-3 網頁版面分析

　　上一節設置網頁自動更新，但是發現重新取得的資料會亂掉，如前所述，這是因為網站內容並非一成不變，首先呈現的內容會隨著時間刷新，這個其實不會影響，展覽活動還是在相同位置，只是活動內容不同，Excel的固定連結會一如預期把更新後的資料引用過來。然而除了內容之外，網站版面有可能也會變動，這時就不能單純使用固定連結，以下具體介紹較佳作法：

1 故宮博物院（https://www.npm.gov.tw/index.aspx）所取得的網頁資料，其下載到Excel的資料都是在第一欄（A欄），第134列開始是「熱門展覽」，所以第一節第七步驟的彙總表，資料編輯列的引用來源是從「＝故宮博物院!A135」到「＝故宮博物院!A140」。

2 從上個步驟分析可知，故宮博物院網頁關於展覽的部分，都會在關鍵字「熱門展覽的下一行開始羅列，所以先以函數公式「=MATCH(B1,故宮博物院!A:A,0)」取得這個關鍵字所在的列號，公式結果正是「134」，接著藉助

公式「=ROW()」傳回所在列號的特性，最後設計公式：「=INDIRECT("'故宮博物院'!A"&$B$4+ROW()-5)」，剛好是引用「熱門展覽」下一列開始依序的儲存格內容，正是故宮博物院網頁上的熱門展覽活動。

3 接下來是高雄美術館（http://www.kmfa.gov.tw/home01.aspx?ID=1）所
取得的網頁資料，其下載到Excel
的資料分4欄，第二欄第177列
（儲存格「B177」）是關鍵字「當
期展覽」，因為展覽活動清單會從
儲存格「C178」開始，也就是「當
期展覽」的下一欄下一列，不過要
注意到這裡每個活動中間會空一
列。

4 先以函數公式「=MATCH(B1,高雄美術館!B:B,0)」取得這個關鍵字所在
的列號，公式結果是「177」，接著藉助公式「=ROW()」傳回所在列號的數
字，因為原始資料會有一列空格的問題，巧妙變換一下公式：「=(ROW()-
5)*2-1」，如圖所示這樣可以每下一列的數值加2，結果是「1,3,5,7,9,…」最
後設計公式：「=INDIRECT（"高雄美術館'!C"&$B$4+(ROW()-7)*2-1）」，
剛好就是引用「當期展覽」下一欄下一列開始依序的儲存格內容，空白列不
計，這正是高雄美術館網頁上的當期展覽活動。

	函數公式	公式結果
	關鍵字：當期展覽	
4	=MATCH(B1,高雄美術館!B:B,0)	177
5	=ROW()	5
6	=(ROW()-5)*2-1	1
7	=(ROW()-5)*2-1	3
8	=INDIRECT("'高雄美術館'!C"&$B$4+(ROW()-7)*2-1)	我的祕密花園
9	=INDIRECT("'高雄美術館'!C"&$B$4+(ROW()-7)*2-1)	關鍵字 2017第十屆傳統與實驗書藝雙年..
10	=INDIRECT("'高雄美術館'!C"&$B$4+(ROW()-7)*2-1)	水墨曼陀羅
11	=INDIRECT("'高雄美術館'!C"&$B$4+(ROW()-7)*2-1)	「市民畫廊」106年度上半年徵件入選名單..
12	=INDIRECT("'高雄美術館'!C"&$B$4+(ROW()-7)*2-1)	藝術~咔滋咔滋 Art, Yummy!
13	=INDIRECT("'高雄美術館'!C"&$B$4+(ROW()-7)*2-1)	兒童美術館「植物新樂園」

5 再來一個國家兩院廳（http://npac-ntch.org/zh/programs/hosted）所取得的網頁資料，有了前兩次網頁的基礎，這個應該不難理解其規則。

	A	B	C	D	E	F
A28	非常林奕華《聊齋》					
23	主合辦節目					
24						
25	主辦節目					
26	合辦節目					
27						
28	非常林奕華《聊齋》					
29	Why We Chat？					
30	12/29 - 1/1					
31						
32	2017兩廳院聖誕音樂會《紐約爵士耶誕夜》					
33	Jazz Christmas Night of New York					
34	12月15日					
35						
36	唱遊四季—陳銳與泰雅學堂音樂會					
37	The Four Seasons - Ray Chen and The Unique Atayal College					

6 關於國家兩廳院引用展覽活動單的公式說明如下，基本概念和前面兩個網站類似，只是在決定關鍵字和每隔幾列作些微變化。

B8 =INDIRECT("'國家兩廳院'!A"&$B$4+1+(ROW()-7)*4-3)

	A	B
1	關鍵字：合辦節目	
3	函數公式	公式結果
4	=MATCH(B1,國家兩廳院!A:A,0)	26
5	=ROW()	5
6	=(ROW()-5)*4-3	1
7	=(ROW()-5)*4-3	5
8	=INDIRECT("'國家兩廳院'!A"&$B$4+1+(ROW()-7)*4-3)	非常林奕華《聊齋》
9	=INDIRECT("'國家兩廳院'!A"&$B$4+1+(ROW()-7)*4-3)	2017兩廳院聖誕音樂會《紐約爵士耶誕夜》
10	=INDIRECT("'國家兩廳院'!A"&$B$4+1+(ROW()-7)*4-3)	唱遊四季—陳銳與泰雅學堂音樂會
11	=INDIRECT("'國家兩廳院'!A"&$B$4+1+(ROW()-7)*4-3)	台南人劇團《天書第一部：被遺忘的神》
12	=INDIRECT("'國家兩廳院'!A"&$B$4+1+(ROW()-7)*4-3)	2017兩廳院耶誕燈燈《希望織光》
13	=INDIRECT("'國家兩廳院'!A"&$B$4+1+(ROW()-7)*4-3)	莎士比亞的妹妹們的劇團《重考時光》

7 綜合起來，4個網頁彙總資料的函數公式整理如下：

高雄美術館：	故官博物院：
我的祕密花園	國寶的形成—書畫菁華特展
關鍵字 2017第十屆傳統與實驗書藝雙年..	筆墨見真章—歷代書法選萃
水墨曼陀羅	別有可觀——受贈寄存書畫展
「市民畫廊」106年度上半年徵件入選名單..	名山大川—巨幅名畫展
藝術~咔滋咔滋 Art, Yummy!	適於心—明代永樂皇帝的瓷器
兒童美術館「植物新樂園」	故宮．熊讚
國家兩廳院：	歷史博物館：
非常林奕華《聊齋》	時間的遺產—原直久攝影
2017兩廳院聖誕音樂會《紐約爵士耶誕夜》	不可思議的生命力–游忠平陶瓷雕塑個展
唱遊四季—陳銳與泰雅學堂音樂會	舊文物•新眼光–【喜新戀舊會客室】專題
台南人劇團《天書第一部：被遺忘的神》	東方綺思：傳統與當代時尚
2017兩廳院耶誕點燈《希望織光》	洞悉所有—七感體驗時尚特展
莎士比亞的妹妹們的劇團《重考時光》	館藏精選文物展

高雄美術館：
http://www.kmfa.gov.tw/home01.aspx?ID=1
故官博物院：
https://www.npm.gov.tw/index.aspx
國家兩廳院：
http://npac-ntch.org/zh/programs/hosted
歷史博物館：
http://www.nmh.gov.tw/zh/exhibition_now.htm

　　這一節介紹5個網頁引用資料的函數公式，雖然公式看起來不是那麼簡單，但仔細分析，每個公式都是使用到「Indirect」、「Match」、「Row」這3個函數，而且有著類似的架構，之所以不厭其煩地一再重覆這個過程，一方面是讓讀者熟悉這個有其實用性的函數用法，另一方面這麼一來，讀者應該能領悟到這些網頁內容不同，但似乎又有一套相同的規則在裡面，正因為如此，才能夠以類似的函數公式引用資料，掌握這一點，對於以後章節的應用相當有幫助。

1-4 錄製巨集程式

　　1-4介紹如何取得網站資料、1-2介紹如何自動連線更新，兩節都是操作Excel既有命令，雖然方便，但畢竟有其固定不可自行改變的框架。假設想一次抓取兩個網站、想把所抓取資料放在兩個新增工作表上，勢必要一個命令接一個命令進行（抓取一個網站再下一個網站、新增工作表後再抓取資料），如果想把這些操作連結成複合命令，那便是VBA的境界了。在Excel中，一段VBA程式等同於一個巨集，所以在此先以錄製巨集的方式介紹VBA程式：

1 寫程式的第一步是開啟相關面板，在「Excel選項」中的「自訂功能區」，勾選添加「開發人員」。

2 回到Excel主畫面,上方功能區最右邊多一塊「開發人員」頁籤,在「程式碼」區塊執行「錄製巨集」。

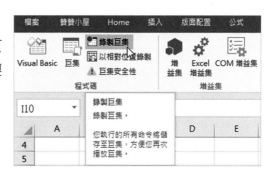

3 在跳出來的視窗可維護「巨集名稱」、「快速鍵」、應用範圍及「描述」。

4 依照1-1步驟取得網頁資料,然後「停止錄製」。這裡Excel的說明很清楚:「您執行的所有命令將儲放至巨集,方便您再次播放巨集」。'

5 接續上一步驟的說明：開啟「巨集」視窗，在這裡可以「執行」（播放）剛才所錄製的巨集，也可以「編輯」或「刪除」等操作。

6 沒有播放成功，跳出「執行階段錯誤」的提示框，可以直接「結束」，在這裡選擇「偵錯」進入到下一步驟。

7 VBA編輯界面,在「程式碼」視窗中標綠色部分是錯誤語句:
「.CommandType = 0」。

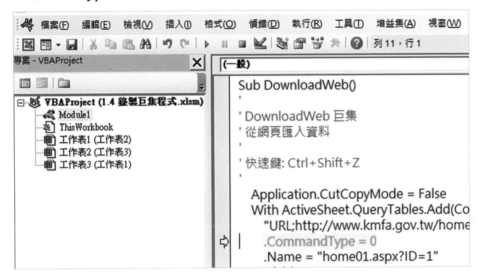

通常Excel所錄製巨集較少出現錯誤的情況,這一節範例有3個重點:
第一,所有Excel操作都可以錄製成巨集;第二,所錄製的巨集不僅是一個
命令集、更是VBA程式,所以從另外角度說,所有Excel操作都可以寫成
VBA;第三個,巨集還是一個開放性的VBA程式,可以進一步編輯和整理。
以這一節為基礎,下一節將修正並進一步完善VBA取得網頁資料的程式。

Memo ══

1-5 編寫巨集程式

上一節嘗試錄製巨集，執行時會提示錯誤而中斷，其實這並非結束，反而是一個開始，因為錄製巨集在這裡只是輔助工具，用意在於瞭解Excel命令相對應的程式碼，想操作Excel達到淋漓盡致的地步，仍然必須直接編寫VBA，這一節便正式開始介紹如何編寫VBA：

1 上一節錯誤提示視窗中，按下「說明」，即會超連結到「無效的程式呼叫或引數（錯誤5）」，這裡文字其實不容易對應到上一節巨集，但初步看來，就是程式裡面的參數設定有問題。

2 巨集使用的是「QueryTables」這個命令，方法是「Add」，標綠色程式碼是其中參數之一：「CommandType=0」，所以在微軟Excel支援中找到「QueryTable. CommandType屬性」，看起來都跟網頁資料無關。

3️⃣ 再參考「QueryTables.Add」的說明，可見得「CommandType」並非必要的參數。

QueryTables.Add 方法 (Excel)

Office 2013 and later 　其他版本▾
會建立新的查詢表。

語法

***運算式*.Add**(*Connection, Destination, Sql*)

運算式 代表 QueryTables 物件的變數。

參數

名稱	必要/選用	資料類型	描述
Connection	必要	Variant	查詢表的資料來源。可以為下列其中一項： • 包含 OLE DB 或 ODBC 連接字串的字串。ODBC 連接字串具有 "ODBC;<連接字串>" 的格式。 • QueryTable 物件，即查詢資訊最初複製的來源，其中包括連接字串及 SQL 文字，但不包括 Destination 範圍。如果指定 QueryTable 物件，則會忽略 Sql 引數。 • ADO 或 DAO Recordset 物件。資料是從 ADO 或 DAO 資料錄集讀取而來。Microsoft Excel 會保留資料錄集，一直到刪除查詢表或變更連接為止。產生的查詢表無法編輯。 • Web 查詢。這是一個格式為 "URL;<url>" 的字串，其中的 "URL;" 為必要項，但是未本土化；字串的其他部分則是做為 Web 查詢的 URL。 • 資料尋找工具。這是一個格式為 "FINDER;<資料尋找工具檔案路徑>" 的字串，其中的 "FINDER;" 為必要項，但是未本土化；字串的其他部分則是資料尋找工具檔 (*.dqy 或 *.iqy) 的路徑及檔案名稱。此檔案是在執行 Add 方法時讀取的。後續呼叫查詢表的 Connection 屬性時，將會傳回以 "ODBC;" 或 "URL;" 開頭的適當字串。 • 文字檔。這是一個格式為 "TEXT;<文字檔路徑及名稱>" 的字串，其中的 TEXT 為必要項，但是未本土化。
Destination	必要	Range	位於查詢表目的範圍 (即將要放置所產生查詢表的範圍) 左上角的儲存格。目的範圍必須在包含運算式所指定之 QueryTables 物件的工作表上。
Sql	選用	Variant	要在 ODBC 資料來源上執行的 SQL 查詢字串。如果使用的是 ODBC 資料來源，可以選擇使用這個引數 (如果不在這裡指定這個引數，則應該在更新查詢表之前，使用查詢表的 Sql 屬性來設定這個引數)。如果指定 QueryTable 物件、文字檔或是 ADO 或 DAO Recordset 物件做為資料來源，則不能使用這個引數。

4 於是解決方式很直接，要開始編輯VBA了，到上方命令列拉下「檢視」菜單，移到「工具列」將「編輯」勾選。

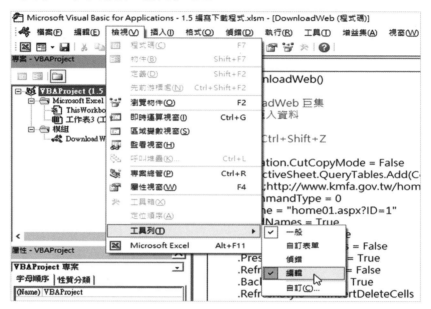

5 先選取「CommandType=0」那一行程式碼的範圍，執行「編輯」工具箱裡的「使程式行變為註解」，VBA會將那一行程式碼前加個單引號，效果是把程式碼轉換成單純文字，不再是VBA程式，當然就不會是VBA執行中斷的錯誤碼。

6 滑鼠移到上方功能區「開發人員」頁籤,「程式碼」區塊,點選「巨集」,在跳出來的視窗「執行」「DownloadWeb」。

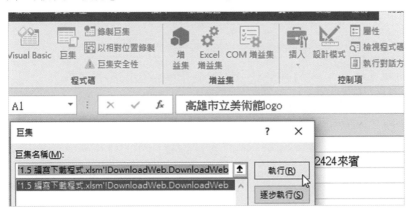

7 成功以VBA程式碼的方式下載網頁資料。

從這一節範例來看,只是把巨集程式碼其中一行取消,原本無法執行的巨集,已經是可以執行的VBA代碼了。過程中有稍微瞭解相關程式說明,最後雖然達成效果,對於理論知識其實仍然懵懵懂懂。VBA是一門可深可淺的學問,這本書著重於實務上應用,以操作流程為主,像在這裡VBA本身有偵錯功能,只要能排除錯誤,順利往下執行,理論部分還是等到有需要再作研究。

Chapter 2 Excel 天氣預報

如何用程式自動處理會更新的資料

　　第一章介紹Excel專用載入網頁內容的命令，雖然很方便，但如果是需要大量持續地取得相關網頁資料、進一步整理分析的場合，顯然一次又一次的單獨操作不是很有效率。第一章最後一節分享以VBA程式碼方式一鍵取得網頁資料，本章即以此為基礎，進一步說明如何適當應用Excel的VBA，取得個人所需的網頁資料。這一節首先介紹程式如何匯出匯入，因應不同需要作複製及延伸：

2-1 程式匯出匯入

1 在VBA編輯環境中，程式碼是存在「模組」這個地方，以上一節為例，在右邊的「Module1」滑鼠右鍵，「匯出檔案」。

2 在「匯出檔案」視窗中，輸入希望的檔案名稱，選擇一個適當的資料夾，注意到「存檔類型」是「Basic 檔案(*.bas)」，表示這是 VBA 程式碼，最後按「存檔」。

3 在新增的 Excel 檔案中，上方功能區移到「開發人員」頁籤，在「程式碼」中選擇「Visual Basic」：「開啟 Visual Basic 編輯器」。

4 「檔案」、「匯入檔案」。

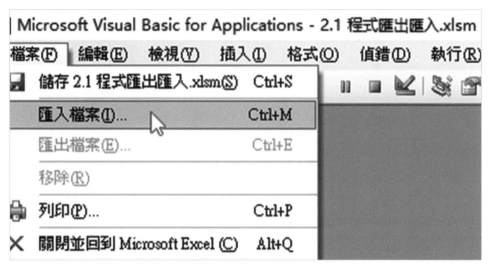

5 「開啟」第二個步驟所儲存的程式碼檔案。

6 「專案-VBAProject」多了一個模組資料夾，裡面的「Module1」便是上一節編輯好的程式碼。

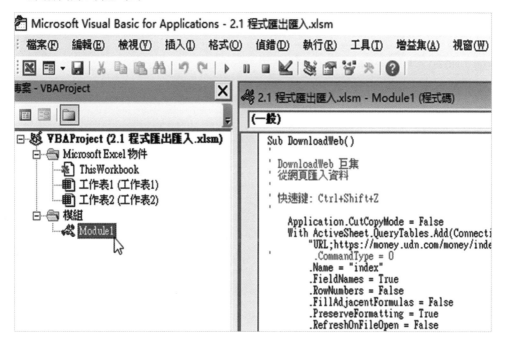

Memo --

7 由於這是VBA取得網頁資料的重要程式，完整解釋程式碼如下：。

```
2.1 程式匯出匯入.xlsm - Module1 (程式碼)
(一般)
Sub DownloadWeb()
    Application.CutCopyMode = False
    With ActiveSheet.QueryTables.Add _
    (Connection:="URL;https://money.udn.com/money/index", _
    Destination:=Range("$A$1"))
        .CommandType = 0
        .Name = "index"
        .FieldNames = True
        .RowNumbers = False
        .FillAdjacentFormulas = False
        .PreserveFormatting = True
        .RefreshOnFileOpen = False
        .BackgroundQuery = True
        .RefreshStyle = xlInsertDeleteCells
        .SavePassword = False
        .SaveData = True
        .AdjustColumnWidth = True
        .RefreshPeriod = 0
        .WebSelectionType = xlEntirePage
        .WebFormatting = xlWebFormattingNone
        .WebPreFormattedTextToColumns = True
        .WebConsecutiveDelimitersAsOne = True
        .WebSingleBlockTextImport = False
        .WebDisableDateRecognition = False
        .WebDisableRedirections = False
        .Refresh BackgroundQuery:=False
    End With
End Sub
```

Sub DownloadWeb()

建立一個VBA巨集程序，名稱為「DownloadWeb」。

Application.CutCopyMode = False

清空剪貼簿。

With ActiveSheet.QueryTables.Add _

With……End With是一組固定用法，方便設置同一對象的各種屬性，中間例如「.Name = "index"」表示將這對象的「Name」屬性設置為「index」，「QueryTables.Add」是VBA取得外部資料來源的命令，「ActiveSheet.QueryTables.Add」表示將取得的外部資料建立在目前工作表，「 _」空一格再緊接著下橫線是VBA慣用符號，將過長的程式碼換行。

(Connection:="URL;https://money.udn.com/money/index", _

外部資料來源的路徑，可以是資料庫或者文字檔，這裡是引用網頁內
容，所以是想要取得資料的網址，「_」同樣是換行符號。

Destination:=Range("$A$1"))

所取得外部資料的目的地，熟悉樞紐分析表的讀者，對於這裡的路徑和
目的地應該覺得很類似。

'.CommandType = 0

因為錄製巨集所產生的不必要參數，如上一章最後一節所述，前面加一
個單引號「'」，已經轉換成單純文字，其實也可以直接刪除。

.Name = "index"

設置這個外部資料的名稱。

.FieldNames = True

「True」代表所取得外部資料有標題欄。

.RowNumbers = False

是否將列號指定為新增資料表的第一欄，比較不適用於取得網頁資料
庫，設置為「False」。

.FillAdjacentFormulas = False

是否於重新整理時更新資料表右邊的公式，比較不適用於取得網頁資料
庫，設置為「False」。

.PreserveFormatting = True

是否保留格式，通常設置為「True」。

.RefreshOnFileOpen = False

開啟檔案時是否更新，「False」代表不自動更新。

.BackgroundQuery = True

是否於後台背景中執行，設置為「True」代表Excel在取得資料同時，可以進行其他操作。

.RefreshStyle = xlInsertDeleteCells

取得資料時對於原工作表的插入或刪除方式，以便寫入外部資料，通常會在空白工作表匯入，所以保留預置值即可。

.SavePassword = False

是否儲存密碼，比較不適用於取得網頁資料，通常設置為「False」。

.SaveData = True

是否儲存所取得資料，通常設置為「True」。

.AdjustColumnWidth = True

是否自動調整欄 ，通常設置為「True」。

.RefreshPeriod = 0

設定重新整理間的分鐘數,「0」代表不會自動更新。

.WebSelectionType = xlEntirePage

取得網頁內容的型態,通常設置為「xlEntirePage」,代表取得整個網頁
資料。

.WebFormatting = xlWebFormattingNone

是否沿用網頁格式,通常設置為「xlWebFormattingNone」,代表只匯
入資料,不匯入格式。

.WebPreFormattedTextToColumns = True

是否同時匯入網頁中HTML資料剖析欄的標籤,通常設置為「True」。

.WebConsecutiveDelimitersAsOne = True

連續分隔符號是否視為單一的分隔字元,通常設置為「True」,有操作
過Excel資料剖析的讀者,應該都能理解上面這兩個參數的意義。

.WebSingleBlockTextImport = False

網頁中HTML的<PRE>標籤是否一次性匯入,通常設置為「False」。

.WebDisableDateRecognition = False

是否停用匯入資料的日期格式辨識,通常設置為「False」,表示辨識日
期。

.WebDisableRedirections = False

網頁查詢時是否重新導向時是否停用,通常設置為「False」。

.Refresh BackgroundQuery:=False

與資料庫建立連線之後,送出查詢執行後是否於背景更新,比較不適用於取得網頁資料,通常設置為「False」。

End With

結束前面以「With」開始,一連串對於參數的屬性設置,經過這麼多的程式說明之後,應該能理解為何要用With……End With簡化程式碼編寫。

End Sub

(「DownloadWeb」)程序結束。

雖然這麼多行的程式碼,經過每一行簡短說明之後,其實還是回歸到最主要「ActiveSheet.QueryTables.Add」,這是VBA取得外部來源資料的主要命令,也是Excel匯入網頁資料的關鍵方法。熟悉Excel樞紐分析表操作的讀者,都知道建立樞紐分析表有兩大參數,其一是資料來源範圍,其二是產生報表的位置,同樣道理套在取得網頁資料,VBA「ActiveSheet.QueryTables.Add」最主要也是兩大參數,以Excel說明手冊的術語來說,其一是「查詢表的資料來源」(Connection),其二是「位於查詢表目的範圍的左上角的儲存格」(Destination)。其他雜七雜八的屬性,如果沒有衍生問題,毋須特別花費時間研究,例如將會造成程式錯誤的「CommandType = 0」直接刪掉即可。

2-2 視窗網址輸入

　　利用Excel取得網頁資料，有兩個技術性的課題，一個是如何有效取得資料，一個是取得的資料如何整理。在這一章裡面，主要分享較為高階的VBA程式碼，可以怎樣運用在Excel取得網頁資料，這一節重點介紹InputBox函數：

1 這 一 節 完 整 的VBA程 式 碼 如 圖 所 示，除 了 標 綠 色 部 分 和「Connection=WebAress2」之外，其餘和上一節相同。

2 「Dim WebAress1, WebAress2 As String」是使用 Dim 宣告變數的標準

Basic語法。各位讀者在國中開始接觸數學方程式，應該都有學過x, y, z 等變數的用法，VB裡的 Dim X As Y

資料類型摘要

Office 2013 和更新版本

下表顯示支援的資料類型，包括儲存大小與範圍。

資料類型	儲存大小	範圍
Byte	1 個位元組	0 到 255 之間
布林值	2 個位元組	True或False
Integer	2 個位元組	-32768 到 32767
長 (長整數)	4 個位元組	-2147483648 到 2147483647
LongLong (LongLong 整數)	8 位元組，	-9223372036854775808 至 9223372036854775807 (有效僅 64 位元平台上)。

也是相同概念，其中X是任意變數，Y則是資料類型，主要有Integer（整數）、Single（數字）String（字串）等，詳細可參考如圖Excel說明手冊。宣告變數有兩個好處，其一是讓程式結構很完整，邏輯清楚容易理解，其二是有效運用資源，因為如果不宣告變數，系統預設是可作為任意類型的「Variant」，佔用記憶體容量是最大的。

3 「WebAress1 = InputBox("請輸入網頁網址", "網址輸入")」，將游標移到程式碼的「InputBox」文字中，按下「F1」，即會跳出Excel關於這個函數的說明：「在對話方塊中顯示提示，等待使用者輸入文字或按一下按鈕，並傳回包含文字方塊內容的字串。」如圖所示，第一個組件（參數）prompt是對話方塊中的訊息，在此範例是「"請輸入網頁網址"」，第二個組件title是

InputBox 函數

Office 2013 和更新版本

在對話方塊中顯示提示，等待使用者輸入文字或按一下按鈕，並傳回包含文字方塊內容的字串。

語法

InputBox(*prompt*[, *title*] [, *default*] [, *xpos*] [, *ypos*] [, *helpfile, context*])

InputBox 函數語法具有這些具名引數引數：

組件	描述
prompt	必要。字串運算式顯示為對話方塊中的訊息。提示的最大長度大約是 1024 個字元，取決於使用的字元的寬度。如果提示包含一行以上，您可以在行與行之間使用歸位字元 (Chr(13))、換行字元 (Chr(10)) 或歸位－換行字元組合 (Chr(13) & Chr(10)) 來分隔行。
title	選用。字串運算式會顯示在對話方塊的標題列中。如果您省略 *標題*，應用程式名稱會放在標題列中。
default	選用。若未提供其他輸入，根據預設回應，會在文字方塊中顯示字串運算式。如果您省略 *default*，則顯示空的文字方塊。

對話方塊的標題列，於稍後步驟執行程式時，一看就能理解這兩個組件的用法。

④ 關於程式碼最後補充兩點：「WebAress2 = "URL;" & WebAress1」，這是VBA裡合併字串用法，等同於Excel的CONCATENATE函數，後面的WebAress1是InputBox帶出來，本身即為文字資料類似，所以毋須再加雙引號。從WebAress1到WebAress2，方能引用對話方塊所輸入的網址：「Connection:=WebAress2」，像這樣多個變數依序組合變化，也是VBA寫程式的主要技巧之一。

快速組合鍵「Alt+F8」叫出巨集的對話方塊，選擇「DownloadWeb」巨集，即為剛才所編輯的程式碼，可以按下右下角的「選項」。

⑤ 在「巨集選項」這裡，可以編輯維護「快速鍵」及「描述」。

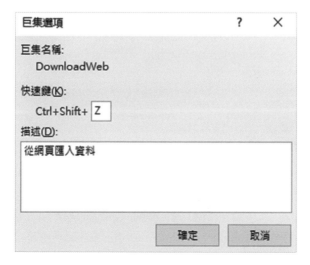

6 執行巨集，跳出 InputBox 對話方塊，輸入中央氣象局關於台北市的天氣預報：「http://cwb.hinet.net/V7/forecast/taiwan/Taipei_City.htm」。參考這個對話方塊，應該能理解 InputBox 函數各參數的用法。

7 輸入網址，按「確定」之後，Excel 即取得中央氣象局的台北市天氣預報。

	A	B	C	D	E
83	今明預報發布時間：2017/06/25 11:00				
84					
85	臺北市	溫度 (℃)	天氣狀況	舒適度	降雨機率 (%)
86	今日白天 06/25 12:00~06/25 18:00	31 ~ 36	多雲	悶熱至易中暑	20%
87	今晚至明晨 06/25 18:00~06/26 06:00	26 ~ 31	晴時多雲	舒適至悶熱	0%
88	明日白天 06/26 06:00~06/26 18:00	26 ~ 36	晴午後短暫雷陣雨	舒適至悶中暑	30%
89					
90	月平均				
91					
92	六月	最高溫 (℃)	最低溫 (℃)	降雨量 (mm)	
93	臺北	32	24.6	325.9	
94					
95	日出日沒、月出月沒				
96					
97	6月25日	日出時刻	日沒時刻	月出時刻	月沒時刻
98		hh:mm	hh:mm	hh:mm	hh:mm
99	臺北	05:06	18:47	06:08	19:55
100	瀏覽小技巧				

　　這一節介紹如何運用 InputBox 函數輸入網址、取得網頁資料。Excel 強大的地方之一，在於可以連結其他儲存格內容或者進一步作處理，以這裡的範例而言，除了在對話方塊直接輸入網址，也希望是在同一工作表或者其他工作表已經有填寫好的網址，然後如同慣常的 Excel 操作，於對話方塊引用連結到其他儲存格。這個 InputBox 函數並沒有辦法做到，必須 VBA 裡面的 InputBox 方法，留待下節介紹。

2-3 網址連結引用

1 希望一次取得3個城市的天氣預報，分別下載到「台北市」、「台中市」、「高雄市」3個工作表。

	A	B	C
1	項次	來源網頁	網址
2	1	台北市	http://cwb.hinet.net/V7/forecast/taiwan/Taipei_City.htm
3	2	台中市	http://cwb.hinet.net/V7/forecast/taiwan/Taichung_City.htm
4	3	高雄市	http://cwb.hinet.net/V7/forecast/taiwan/Kaohsiung_City.htm
5			

彙總 ｜ 台北市 ｜ 台中市 ｜ 高雄市 ｜ ⊕

就緒

Box

VBA 微軟線上說明手冊：

https://msdn.microsoft.
com/zh-tw/library/office/
ff840733.aspx

https://msdn.microsoft.com/
zh-tw/library/microsoft.
office.interop.excel.

2 進入VBA編輯環境，在左邊的專案視窗中，「Microsoft Excel物件」資料夾選擇「工作表1(台北市)」。如圖可以清楚看到，在VBA裡面工作表有兩個不同代號，例如在活頁簿上的標籤名稱是「台北市」、在VBA裡則是「工作表1」，而且參考上一個步驟的擷圖，可以瞭解活頁簿上工作表次序，和實際Excel系統裡的名稱順序不一樣。以範例來說，其實有個工作表2被刪除，然後是「工作表4(彙總)」移到最前面了。如此瞭解Excel的工作表架構（程式語言的專業術語為物件模型），是進一步編寫VBA程式碼的基礎。

3 首先如果沿續上一節的 InputBox 函數，會發現只要，將游標移到對話方塊外，馬上變成一顆轉個不停的藍色小球，因為 InputBox 函數只能直接輸入文字，若是想直接引用

儲存格參照，必須改用 InputBox 方法。（VBA 程式碼的基本結構之一：「物件‧方法」，代表對某個 Excel 物件執行某個指令方法）。

4 修改 VBA 程式碼如圖所示，綠色部分是將上一節原來的代碼，以單引號轉換成單純文字（非程式碼），綠底白字是主要更改的程式碼，由 InputBox 函數改為 InputBox 方法。「WebAress1 = Application.InputBox（"請選擇網頁網址所在儲存格", "匯入網址", Type:=8）」這是 InputBox 方法的標準結構，和 InputBox 函數比起來，多了一個「Type:=8」，表示輸入類型為儲存格參照。「DesCell = Application.InputBox（"請選擇資料開始儲存格", "匯入目的", Type:=8）.Address」這一行程式碼和上一行非常接近，只是最後多加了一個「.Address」，關於這個有兩點說明：

第一點，如前所述，「物件‧方法」是 VBA 程式碼的基本結構之一，相類似的是「物件‧屬性」，於此是將所輸入的儲存格作為物件，以「.Address」傳回其 VBA 語言形式的範圍參照。

第二點，「WebAress1 = Application.InputBox」會將「WebAress1」設定為儲存格的值，也就是網址，「DesCell = Application.InputBox.Address」會將「DesCell」設定為儲存格本身（儲存格物件），對比接著後面的「WebAress2 = "URL;" & WebAress1」、「Destination:=Range(DesCell))」，應該較容易理解兩個之間的差異。

```
(一般)

Sub DownloadWeb()
    Application.CutCopyMode = False
    Dim WebAress1, WebAress2, DesCell As String

'   WebAress1 = InputBox("請輸入網頁網址", "網址輸入")

    WebAress1 = Application.InputBox("請選擇網頁網址所在儲存格", "匯入網址", Type:=8)
    DesCell = Application.InputBox("請選擇資料開始儲存格", "匯入目的", Type:=8).Address
    WebAress2 = "URL;" & WebAress1
    With ActiveSheet.QueryTables.Add _
    (Connection:=WebAress2,
    Destination:=Range(DesCell1))

'Destination:=Range("$A$1"))

        .Name = "index"
        .FieldNames = True
        .RowNumbers = False
        .FillAdjacentFormulas = False
        .PreserveFormatting = True
        .RefreshOnFileOpen = False
        .BackgroundQuery = True
        .RefreshStyle = xlInsertDeleteCells
        .SavePassword = False
        .SaveData = True
        .AdjustColumnWidth = True
```

5️⃣ 執行巨集,首先跳出「匯入網址」
對話方塊,選擇「彙總」工作表的
「C2」儲存格,就是台北市氣象局
的網址,在對話方塊立即出現「=彙
總!$C$2」。

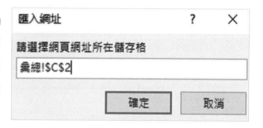

6️⃣ 接著出現「匯入目的」對話方塊,
選擇「台北市」工作表的「C2」儲存
格,在對話方塊立即出現「=$A$1」。

7 成功於滙入氣象局關於台北市的天氣預報網頁內容。

| A85 | ▼ | : | × | ✓ | fx | 臺北市 | | |

◢	A	B	C	D	E
79	首頁 > 天氣預報 > 縣市預報 > 臺北市				
80	其他預報地區				
81	在地天氣報馬仔				
82					
83	今明預報發布時間：2017/07/05 23:00				
84					
85	臺北市	溫度 (℃)	天氣狀況	舒適度	降雨機率 (%)
86	今晚至明晨 07/06 00:00~07/06 06:00	26 ~ 28	多雲	舒適至悶熱	10%
87	明日白天 07/06 06:00~07/06 18:00	26 ~ 35	多雲午後短暫雷陣雨	舒適至悶熱	30%
88	明日晚上 07/06 18:00~07/07 06:00	26 ~ 31	多雲時晴	舒適至悶熱	10%
89					

　　由 於 這 裡 範 例 程 式 碼 為「With ActiveSheet.QueryTables.Add」，「ActiveSheet」意思是目前現用工作表，所以假設想將資料匯入「台北市」工作表，必須在執行巨集之前，必須在「台北市」工作表選取任何一個儲存格，如此現用工作表便會是「台北市」工作表。如果希望更巨集聰明一點，直接將資料匯入任何指定的工作表，程式碼會稍為複雜一點，於此暫不介紹。

Memo --

2-4 網頁表格下載

1 原先程式碼是錄製巨集自動生成的，對於「QueryTables.Add」設置諸多屬性，雖然較為完整，但其實就文章範例而言，並不是全部需要，所以如圖所示，20個屬性裡面，只要保留4個，其他可以刪除，有興趣讀者可試看看，執行結果和上一節完全相同。在這裡為了方便參考及以後利用方便，沒有真的刪除，而是利用「使程式行變為註解」指令，在批次前面加個單引號，所保留屬性中，有3個跟取得網頁的形式和內容有關，有1個跟背景執行有關，詳細說明可參考本章第一節介紹。

```
(一般)

Sub DownloadWeb()
    Application.CutCopyMode = False
    Dim WebAress1, WebAress2, DesCell As String
    WebAress1 = Application.InputBox("請選擇網頁網址所在儲存格", "匯入網址", Type:=8)
    DesCell = Application.InputBox("請選擇資料開始儲存格", "匯入目的", Type:=8).Address
    WebAress2 = "URL;" & WebAress1
    With ActiveSheet.QueryTables.Add _
    (Connection:=WebAress2,
    Destination:=Range(DesCell))
'        .Name = "index"
'        .FieldNames = True
'        .RowNumbers = False
'        .FillAdjacentFormulas = False
'        .PreserveFormatting = True
'        .RefreshOnFileOpen = False
'        .BackgroundQuery = True
'        .RefreshStyle = xlInsertDeleteCells
'        .SavePassword = False
'        .SaveData = True
'        .AdjustColumnWidth = True
'        .RefreshPeriod = 0
        .WebSelectionType = xlEntirePage
        .WebFormatting = xlWebFormattingNone
'        .WebPreFormattedTextToColumns = True
'        .WebConsecutiveDelimitersAsOne = True
'        .WebSingleBlockTextImport = False
        .WebDisableDateRecognition = False
'        .WebDisableRedirections = False
        .Refresh BackgroundQuery:=False
```

2 將「.WebFormatting = xlWebFormattingNone」變為註解，表示不僅匯入資料、同時也要匯入格式。

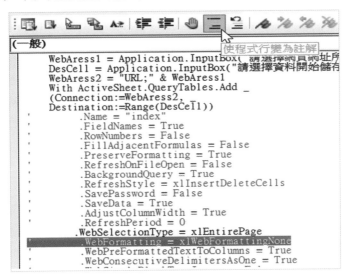

3 再次執行程式，如圖所示，上面是單純匯入資料、未匯入網頁格式的截圖、下面是同時匯入資料及格式的截圖。

4 將「.WebSelectionType = xlEntirePage」變為註解,如此「WebSelectionType」的屬性值將回到預設值,亦即「xlAllTables」,表示取得網頁上所有表格,表格以外的資料不取得。

5「WebSelectionType」在取得網頁資料較為關鍵,除了原本的「xlEntirePage」是網頁的全部資料、「xlAllTables」是網頁的全部表格,最後還有一個選項是「xlSpecifiedTables」,意思是取得某個特定的表格,這些選項涉及到瞭解網頁結構和取得資料目的,剛好氣象局的網頁裡只有一個表格,而且剛好是範例真正希望取得的資料,所以設定「xlAllTables」即可取,在往後的章節,再視情況需要進一步介紹其他選項。

Members

Member name	Description
xlAllTables	All tables.
xlEntirePage	Entire page.
xlSpecifiedTables	Specified tables.

6 簡化後的 VBA 程式碼如圖所示。

```
2.4 網頁表格下載.xlsm - Module1 (程式碼)
(一般)
Sub DownloadWeb()
    Application.CutCopyMode = False
    Dim WebAress1, WebAress2, DesCell As String
    WebAress1 = Application.InputBox("請選擇網頁網址所在儲存格", "匯入網址", Type:=8)
    DesCell = Application.InputBox("請選擇資料開始儲存格", "匯入目的", Type:=8).Address
    WebAress2 = "URL;" & WebAress1
    With ActiveSheet.QueryTables.Add _
    (Connection:=WebAress2, _
    Destination:=Range(DesCell))
        .WebDisableDateRecognition = False
        .Refresh BackgroundQuery:=False
    End With

End Sub
```

7 再次執行程式,所取得的網頁資料變得很純粹,便是我們關心的台北市天氣狀況表。

	A	B	C	D	E
1	臺北市	溫度 (℃)	天氣狀況	舒適度	降雨機率 (%)
2	今日白天 07/08 06:00~07/08 18:00	26 ~ 35	多雲午後短暫雷陣雨	舒適至易中暑	70%
3	今晚至明晨 07/08 18:00~07/09 06:00	26 ~ 31	多雲短暫陣雨	舒適至悶熱	30%
4	明日白天 07/09 06:00~07/09 18:00	26 ~ 35	多雲午後短暫雷陣雨	舒適至易中暑	50%
5					
6	七月	最高溫 (℃)	最低溫 (℃)	降雨量 (mm)	
7	臺北	34.3	26.3	245.1	
8					
9	7月8日	日出時刻 hh:mm	日沒時刻 hh:mm	月出時刻 hh:mm	月沒時刻 hh:mm
10					
11	臺北	05:10	18:48	18:00	04:17
12					
13	℃ ℉				
14	℉ ℃				

VBA程式碼較為複雜,本書是以範例為基礎進行說明,篇幅有限,無法完整介紹某方法屬性相關內容。讀者有興趣,建議可以此書為方向,搭配微軟官方線上支援,可獲得較為全面的理解,例如以這一節範例關鍵的「WebSelectionType」屬性,可以參考微軟線上說明手冊,網址為「https://msdn.microsoft.com/zh-tw/library/office/ff840733.aspx」 及「https://msdn.microsoft.com/zh-tw/library/microsoft.office.interop.excel.xlwebselectiontype(v=office.15).aspx」。只要在Google或奇摩、或者直接於微軟官網搜尋「WebSelectionType」,不難找到相關文章。

Memo ==

2-5 程式按鈕製作

這一章主要介紹如何以VBA方式，搭配輸入視窗取得網頁資料，於執行程式碼時，都是以播放巨集進行。如今電腦各種軟體、包括Excel大多以圖形化介面進行，其實編寫好的VBA巨集程式，也可以簡單設置，搖身一變成指令按鈕，雖然離軟體製作還有一大段距離，但是看著自己一手設計的取得網頁按鈕，相信成就感倍增！

1 上方功能區移到「開發人員」頁籤，在「控制項」群組將「插入」拉下菜單，選擇「表單控制項」裡的「Button」。

2 滑鼠游標由粗白十字架變成細黑十字架，此時「按下滑鼠左鍵，拖曳以產生按鈕」。

3 在跳出來的「指定巨集」視窗，預設是「新增」一個巨集，並且預設巨集名稱為「按鈕1_Click」，但其實這裡也可以選擇先前編寫好的「DownloadWeb」巨集，然後「確定」。

4 游標移到按鈕上，滑鼠右鍵，選擇「編輯文字」，便可以更改按鈕上顯示的文字，例如將「按鈕1」改成「Excel天氣預報」。

5 上一個步驟的選項裡面有個「控制項格式」，點擊後進入設定視窗，在這裡可以像Excel熟悉的「儲存格視窗」調整按鈕格式，大部份選項讀者試看看就能理解，特別一提的是，建議把「摘要資訊」頁籤裡的「物件位置」，設定為「大小位置不隨儲存格改變」。

這是考慮到通常在調整工作表格式時，會希望指令按鈕大小相對不變，有興趣讀者可試看看設置之後的差異。

6 製作好了指令按鈕，因為對於如何取得天氣預報網頁已經熟悉了，想將改成一次取得3個城市資料，放在同一張工作表上，沿用現成的按鈕，因此直接修改原「DownloadWeb」程式碼如下圖所示，在每一段程式前，都有一行單引號轉換的文字註解，簡單說明該段程式碼用意，這是一般寫程式習慣用法，因為當程式越寫越多，合適的分段和註解將會讓整體程式更容易閱讀理解、也因此更容易修改偵錯。

```
2.5 程式按鈕製作.xlsm - Module1 (程式碼)

(一般)

Sub DownloadWeb()

'清空剪貼簿以便複製網頁資料，並且以工作表"天氣預報"作為下載位置
    Application.CutCopyMode = False
    Worksheets("天氣預報").Select

'取得台北市天氣預報
    With ActiveSheet.QueryTables.Add _
    (Connection:="URL;http://cwb.hinet.net/V7/forecast/taiwan/Taipei_City.htm", _
    Destination:=Range("$A$1"))
        .WebDisableDateRecognition = False
        .Refresh BackgroundQuery:=False
    End With
'取得台中市天氣預報
    With ActiveSheet.QueryTables.Add _
    (Connection:="URL;http://cwb.hinet.net/V7/forecast/taiwan/Taichung_City.htm", _
    Destination:=Range("$A$15"))
        .WebDisableDateRecognition = False
        .Refresh BackgroundQuery:=False
    End With

'取得高雄市天氣預報
    With ActiveSheet.QueryTables.Add _
    (Connection:="URL;http://cwb.hinet.net/V7/forecast/taiwan/Kaohsiung_City.htm", _
    Destination:=Range("$A$29"))
        .WebDisableDateRecognition = False
        .Refresh BackgroundQuery:=False
    End With
```

7 再按一下「Excel天氣預報」的按鈕，結果非常完美，在「天氣預報」工作表順利呈現3個城市的天氣狀況表。

臺北市	溫度 (℃)	天氣狀況	舒適度	降雨機率 (%)
今晚至明晨 07/08 18:00~07/09 06:00	26 ~ 32	多雲時晴	舒適至悶熱	20%
明日白天 07/09 06:00~07/09 18:00	27 ~ 35	多雲午後短暫雷陣雨	舒適至易中暑	50%
明日晚上 07/09 18:00~07/10 06:00	26 ~ 32	晴時多雲	舒適至悶熱	10%

七月	最高溫 (℃)	最低溫 (℃)	降雨量 (mm)
臺北	34.3	26.3	245.1

7月8日	日出時刻 hh:mm	日沒時刻 hh:mm	月出時刻 hh:mm	月沒時刻 hh:mm
臺北	5:10	18:48	18:00	4:17

℃ ℉
℉ ℃

臺中市	溫度 (℃)	天氣狀況	舒適度	降雨機率 (%)
今晚至明晨 07/08 18:00~07/09 06:00	26 ~ 31	多雲短暫陣雨	舒適至悶熱	30%
明日白天 07/09 06:00~07/09 18:00	26 ~ 34	多雲	舒適至易中暑	20%
明日晚上 07/09 18:00~07/10 06:00	26 ~ 31	晴時多雲	舒適至悶熱	10%

七月	最高溫 (℃)	最低溫 (℃)	降雨量 (mm)
臺中	33	25.2	307.9

7月8日	日出時刻 hh:mm	日沒時刻 hh:mm	月出時刻 hh:mm	月沒時刻 hh:mm
臺中	5:16	18:49	18:02	4:22

℃ ℉
℉ ℃

高雄市	溫度 (℃)	天氣狀況	舒適度	降雨機率 (%)
今晚至明晨 07/08 18:00~07/09 06:00	28 ~ 32	晴時多雲	悶熱	10%
明日白天 07/09 06:00~07/09 18:00	29 ~ 34	晴時多雲	悶熱至易中暑	20%
明日晚上 07/09 18:00~07/10 06:00	28 ~ 32	晴時多雲	悶熱	10%

七月	最高溫 (℃)	最低溫 (℃)	降雨量 (mm)
高雄	32.4	26.4	390.9

7月8日	日出時刻 hh:mm	日沒時刻 hh:mm	月出時刻 hh:mm	月沒時刻 hh:mm
高雄	5:20	18:47	18:01	4:27

℃ ℉
℉ ℃

　　從第一章使用Excel預設的「取得外部資料」指令開始、然後是錄製修改巨集、到這一章最後是自製指令按鈕，一次自訂取得多個網頁資料，可知道當要取得的網頁資料越頻繁、要取得的相關網頁越多，單純操作Excel既有指令不太合乎效率，只要稍微瞭解巨集及VBA的觀念和實際編寫，便可以極具效率地取得資料，這一章是取得氣象局天氣預報的網頁資料，各位讀者有興趣，生活中大大小小的事，例如電影、旅遊、都可以試看看用Excel取得網頁資料。到目前為止，不管在範例上、在程式碼上、在來源網頁的結構上，相對都是較為單純，在接下來陸陸續續的章節中，會再進一步和大家介紹「Excel Wifi」可以運用在哪些場合、同時會遇到什麼困難，當然，也會介紹如何順利排除那些困難。

Chapter 3 **Excel 借閱排行**

如何追踪排名資料，掌握趨勢

　　要察覺趨勢的變動，匯整網上各種排名是好方法。票房排行、銷售排行、關鍵字排行。追蹤排名的變動，往往可以讓你掌握趨勢之先。在網頁上常常會看到各式各樣的排行，這些排行是各個組織將原始資料以電子形式保留，並且加以統計分析的結果。上一章介紹如何以VBA程式碼同時取得多個網頁資料，在這一章以此為基礎，同時取得不同期間的排行榜資料，進一步彙總分析

3-1 巨集程式複製

1 清華大學圖書館的借閱排行榜：「http://www.lib.nthu.edu.tw/guide/topcirculations/index.htm」

2️⃣ 新建一個Excel活頁簿,利用第2-1「程式匯出匯入」所介紹方法,匯入
2-4「網頁表格下載」的巨集程式碼「Module1.bas」。不過如圖所示,同時
開啟兩個Excel檔案,在VBA編輯界面左邊的「專案-VBAProject」視窗
中,滑鼠連按兩下想要操作的物件(Module1),右邊便會跳出相對應的程
式編寫視窗,可以用很熟悉直接的電腦操作,輕鬆直接將程式碼「剪下、複
製、貼上」。

3️⃣ 執行巨集,從圖片可以看出來,程式碼本身並沒有必然屬於哪個檔案、
哪個活頁簿的限制,所以也可以選擇其他檔案的巨集程式,例如這裡是在新
增的活頁簿直接執行「'2.4 網頁表格下載.xlsm'!DownloadWeb」。

4「執行結果，沒有取得任何資料，這是因為如同2-4「網頁表格下載」所述，程式碼並沒有設定「WebSelectionType」屬性值，其預設值為「xlAllTables」，表示取得網頁上所有表格，表格以外的資料不取得。而這個網頁裡並沒有表格。網頁的原始形式為HTML文本，有個簡單方式閱讀網頁的HTML文本，以Google的瀏覽器Chrome在網頁上滑鼠右鍵，「檢視網頁原始碼」。

5 Google Chrome會產生一個新網頁標籤，在原來的網址前面加一個「view-source:」，表示是檢視網頁原始碼：「view-source:http://www.lib.nthu.edu.tw/guide/topcirculations/index.htm」。如圖所示，該網頁主要內容是由 \<ul>\<li>\</li>\</ul> 構成的無排序項目清單列表，仔細從頭看到尾，並沒有任何表格資料。

```
58    <div id="cwrp" class="clearfix">
59      <p><a href="#" accesskey="C" class="accesskey">:::</a></p>
60      <h1>借閱排行榜</h1>
61      <h2>館藏借閱排行榜</h2>
62      <h3>中文圖書</h3>
63      <ul class="list01">
64        <li><a href="b_chbook_2016.htm">2016年</a></li>
65        <li><a href="b_chbook_2015.htm">2015年</a></li>
66        <li><a href="b_chbook_2014.htm">2014年</a></li>
67        <li><a href="b_chbook_2013.htm">2013年</a></li>
68        <li><a href="b_chbook_2012.htm">2012年</a></li>
69        <li><a href="b_chbook_2011.htm">2011年</a></li>
70        <li><a href="b_chbook_2010.htm">2010年</a></li>
71        <li><a href="b_chbook_2009.htm">2009年</a></li>
72        <li><a href="b_chbook_2008.htm">2008年</a></li>
```

6 瞭解原因後，VBA添加一行程式碼：「.WebSelectionType = xlEntirePage」，表示要取得網頁的全部內容，同時也將「.WebDisableDateRecognition = False」刪除。

```
(一般)

Sub DownloadWeb()
    Application.CutCopyMode = False
    Dim WebAress1, WebAress2, DesCell As String
    WebAress1 = Application.InputBox("請選擇網頁網址所在儲存格", "匯入網址", Type:=8)
    DesCell = Application.InputBox("請選擇資料開始儲存格", "匯入目的", Type:=8).Address
    WebAress2 = "URL;" & WebAress1
    With ActiveSheet.QueryTables.Add _
    (Connection:=WebAress2, _
    Destination:=Range(DesCell))
        .WebSelectionType = xlEntirePage
        .Refresh BackgroundQuery:=False
    End With

End Sub
```

7 再次執行巨集，成功取得網頁資料。這裡並沒設置「.WebFormatting = xlWebFormattingNone」，因此資料格式同時下載啟用，原本的網址超連結同時也保留，例如滑鼠按一下「2016」，會跳出瀏覽器造訪「2016年中文圖書借閱排行榜」的網頁，相當方便。

這一節文章主要介紹只要同時開啟活頁簿，很方便可以進行VBA代碼的剪貼，也有提到HTML的基本概念，列表清單（UL）和表格資料（Table）是兩個網頁主要的資料形式，既然是利用Excel取得網頁資料，如能稍微具備HTML知識會更加得心應手。假使在Excel取得網頁資料遇到困難，建議可以利用瀏覽器檢視網頁原始碼的工具，瞭解網頁資料架構，搭配網路上豐富的HTML線上資源，也許問題便能迎刃而解。

	A	B	C
13	館藏借閱排行榜		
14			
15	中文圖書		
16			
17	2016年		
18	2015年		
19	2014年		
20	2013年		
21	2012年		
22	2011年		
23	2010年		
24	2009年		
25	2008年		
26			
27	西文圖書		
28			
29	2016年		
30	2015年		

3-2 新建工作表下載

　　大量的資料下載需要新增工作表！用人工？何不試試用Excel VBA自動生成？

1「2016年中文圖書借閱排行榜」的網頁原始碼：「view-source:http://www.lib.nthu.edu.tw/guide/topcirculations/b_chbook_2016.htm」第62行代碼開始是表格資料，以\<table\>開始，「\<tr\>\</tr\>」各是一行網頁內容，第一行是標題，有3項「\<th\>\</th\>」欄位，第二行開始，每行「\<tr\>\</tr\>」都有3項\<td\>\</td\>資料，於200行資料後，最後以「\</table\>」結束，以上大略是這張網頁的主要內容架構。

```
62        <table class="listview" width="94%" summary="2016年中文圖書借閱排行榜">
63          <caption>
64            2016年中文圖書借閱排行榜
65          </caption>
66          <tr>
67            <th width="10%">排名 </th>
68            <th>書名 </th>
69            <th width="10%">次數 </th>
70          </tr>
71          <tr>
72            <td>1</td>
73            <td><a href="http://webpac.lib.nthu.edu.tw/F?func=find-b&amp;find_code=5
74            <td>146</td>
75          </tr>
76          <tr>
77            <td>2</td>
78            <td><a href="http://webpac.lib.nthu.edu.tw/F?func=find-b&amp;find_code=5
79            <td>144</td>
```

2 根據網頁特性，編寫VBA程式碼如圖所示。因為不再需要超連結了，只要純粹資料，所以增加一行程式碼：「.WebFormatting = xlWebFormattingNone」，毋須取得網頁的資料格式。

```
3.2 新建工作表下載.xlsm - Module1 (程式碼)
(一般)                                                          Download Web

Sub DownloadWeb()

    Application.CutCopyMode = False
    Dim WebAress1, WebAress2, DesCell As String
    WebAress1 = Application.InputBox("請選擇網頁網址所在儲存格", "匯入網址", Type:=8)
    DesCell = Application.InputBox("請選擇資料開始儲存格", "匯入目的", Type:=8).Address
    WebAress2 = "URL;" & WebAress1
    With ActiveSheet.QueryTables.Add _
    (Connection:=WebAress2, _
    Destination:=Range(DesCell))
    .WebFormatting = xlWebFormattingNone
    .Refresh BackgroundQuery:=False
    End With

End Sub
```

❸ 執行巨集「DownloadWeb」。取得的資料如圖所示，第一行是報表（表格）名稱、第二行的標題欄、第三行開始的資料行，圖片是排行到第15名，在Excel是從「A1」到「C17」，原始網頁排行到200名，而且第200名有4名，其他名次都是只有1名，所以在Excel是從「A1」到「C205」，總共205行。

	A	B	C
1	2016年中文圖書借閱排行榜		
2	排名	書名	次數
3	1	新版實用視聽華語 = Practical audio-visual Chinese /	146
4	2	天龍八部 = The semi-gods and the semi-devils /	144
5	3	新托福口语真经 3 /	135
6	4	射鵰英雄傳 = The eagle-shooting heroes /	121
7	5	費曼物理學講義 . II, 電磁與物質 /	118
8	6	移動迷宮 /	118
9	7	NEW TOEIC TEST金色證書：模擬測驗 /	115
10	8	盜墓筆記 = The secret of grave robber /	110
11	9	神鵰俠侶 /	107
12	10	傅斯年全集	105
13	11	解憂雜貨店 /	102
14	12	費・陀思妥耶夫斯基全集 /	102
15	13	1Q84 /	101
16	14	沈從文全集	98
17	15	李白全集校注彙釋集評	96

❹ 取得三個年度的中文圖書排行數據，先彙總相關資料如圖所示。

	A	B	C
1	清華大學圖書館排行榜		
2	項次	網頁	網址
3	1	主頁總表	http://www.lib.nthu.edu.tw/guide/topcirculations/index.htm
4	2	2016年中文圖書	http://www.lib.nthu.edu.tw/guide/topcirculations/b_chbook_2016.htm
5	3	2015年中文圖書	http://www.lib.nthu.edu.tw/guide/topcirculations/b_chbook_2015.htm
6	4	2014年中文圖書	http://www.lib.nthu.edu.tw/guide/topcirculations/b_chbook_2014.htm

5 在2-3「網址連結引用」的範例中，是新增台北市、台中市、高雄市3個工作表，並分別將取得各個城市的天氣預報，在此介紹如何以VBA程式碼新增工作表。首先，於VBA界面中選擇「插入」、「模組」。

6 於「Module2」編寫巨集程式碼「WorksheetsAdd」。其中「Active Workbook.Sheets.Add after:=Worksheets(Worksheets.Count)」是新增工作表的標準語法，參數「after」意思是在此工作表之後插入新的工作表，「Worksheets.Count」是計算此活頁有多少工作表，因此「after:=Worksheets(Worksheets.Count)」綜合起來就是在最後一張表的後面新增工作表。「ActiveSheet.Name = "2014"」作用是為新增的工作表命名，注意到「sheets.Add」方法會把以新增的工作表作為當前操作中的工作表，也就是「ActiveSheet」。

7 執行「WorksheetsAdd」巨集。從圖片視窗可以看兩個模組（Module1 及 Module2）分別編寫了兩個獨立的巨集，這一節的範例會是先執行「Module2」的「WorksheetsAdd」，然後再執行「Module1」的「DownloadWeb」，亦即先新增加工作表，再分別取得網頁資料

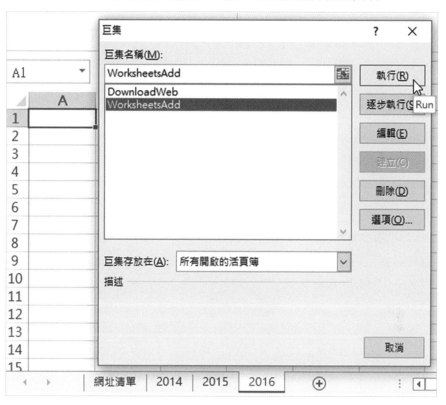

熟悉Excel的讀者，操作新增工作表應該很快。不過如果是利用Excel取得網頁資料，重點不僅僅以Excel形式瀏覽網頁，關鍵在於將所取得資料皆為電子數據形式同時儲存，在累積一定數量之後，便可以進一步作大數據統計分析。以這裡的圖書館借閱排行榜為例，有好幾個年度、好幾種類型，這個情況下，想要將資料分別下載於不同工作表，一張一張手工新增顯然相當麻煩，勢必要以程式代碼方式批量進行，這一節所分享的，便是Excel VBA 如何新增工作表的基礎。

3-3 新增工作表視窗

上一節介紹如何以VBA方式新增工作表，雖然在VBA編輯視窗中複製貼上，在同一套巨集中，將新增一個工作表擴大為新增3個工作表很方便，但是如同在上一章範例中，逐步把取得網頁資料的方式，由Excel預設指令操作進化到VBA程式碼、再進化到自製巨集視窗，最後是以儲存格連結的InputBox對話方塊進行，如此最為直觀便利，在這一節也介紹如何將InputBox應用到新增工作表：

1 Application.InputBox方法中Type參數引數值。到目前為止，文章範例都是設定為「8」，亦即儲存格參照，而且只能引用儲存格，不能直接輸入，有些情況下不太方便，其實Type參數也可以作混合運用，例如設定為2+8=10，表示可以輸入文字、亦可引用參照，這樣就很符合一般Excel類似的操作方式。

值	意義
0	公式
1	數字
2	文字 (字串)
4	邏輯值 (True 或 False)
8	儲存格參照，視為 Range 物件
16	錯誤值，例如 #N/A
64	陣列值

2 先定義「DataSheet」為文字變數，再以「 Application.InputBox」方法取值，參數「Type」設定為10，表示可直接輸入或引用儲存格，然後新增工作表，並將工作表命名為「DataSheet」。

```
3.3 新增工作表視窗.xlsm - Module2 (程式碼)

(一般)                              WorksheetsAdd

Public Sub WorksheetsAdd()

Dim DataSheet As String

DataSheet = Application.InputBox("請輸入新增工作表名稱", "新增工作表", Type:=10)

ActiveWorkbook.Sheets.Add after:=Worksheets(Worksheets.Count)

ActiveSheet.Name = "DataSheet"

End Sub
```

3 執行巨集，於工作表點選
儲存格B4，視窗即為顯示
「=$B$4」表示引用該儲存格
的值。

4 再次執行巨集，也可以直
接輸入，和上個步驟相同，
只要按下確定按鈕，馬上會
跳出一張新增的工作表。

5 本章第一節有提到VBA程式碼如何在不同活頁簿間複製剪貼，在同一活
頁簿裡不同模組的程式碼也可以快速複製剪貼，如圖所示。

```
Sub DownloadWeb()

    Application.CutCopyMode = False
    Dim WebAress1, WebAress2, DesCell As String
    WebAress1 = Application.InputBox("請選擇網頁網址所在儲存格", "匯入網址", Type:=8)
    DesCell = Application.InputBox("請選擇資料開始儲存格", "匯入目的", Type:=8).Address
    WebAress2 = "URL;" & WebAress1
    With ActiveSheet.QueryTables.Add _
    (Connection:=WebAress2, _
    Destination:=Range(DesCell))
        .WebFormatting = xlWebFormattingNone
        .Refresh BackgroundQuery:=False
    End With
End Sub

Public Sub WorksheetsAdd()

Dim DataSheet As String

DataSheet = Application.InputBox("請輸入新增工作表名稱", "新增工作表", Type:=10)

ActiveWorkbook.Sheets.Add after:=Worksheets(Worksheets.Count)

ActiveSheet.Name = DataSheet

End Sub
```

6 即使不同模組有相同名稱的程序，也沒有關係，執行巨集時Excel會自動將模組號加在前面。

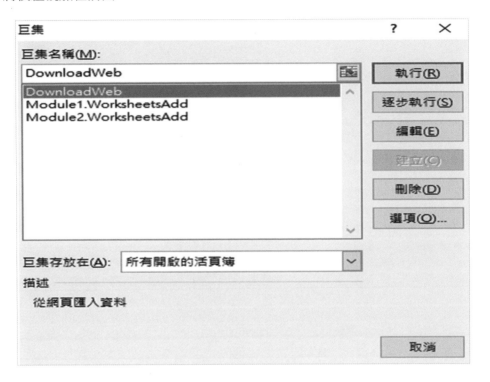

Memo ▪▪▪ ▪▪ ▪▪ ▪▪ ▪▪ ▪▪ ▪▪ ▪▪ ▪▪ ▪▪ ▪▪ ▪▪ ▪▪ ▪▪ ▪▪ ▪▪ ▪▪ ▪▪ ▪▪

7 像這兩組程式碼有前後關連的情況，建議作法是像連結其他儲存格內容一樣，在程序中引用其他程序。在這一節第二步驟的程式碼，「Public Sub WorksheetsAdd()」前面的「Public Sub」意思是公用程序，在任何模組都可以呼叫使用，相對應的是「Private Sub」，是只有目前同一模組內才可以呼叫使用，如果沒有特別陳述，VBA預設為「Public Sub」。

　　例如圖片所示，「Call WorksheetsAdd」是「Module1」的「DownloadWeb」程序中呼叫「Module2」的「WorksheetsAdd」程序。

```
(一般)

Sub DownloadWeb()

Call WorksheetsAdd

Application.CutCopyMode = False
Dim WebAress1, WebAress2, DesCell As String
WebAress1 = Application.InputBox("諸選擇網頁網址所在儲存格", "匯入網址", Type:=8)
DesCell = Application.InputBox("諸選擇資料開始儲存格", "匯入目的", Type:=8).Address
WebAress2 = "URL;" & WebAress1
With ActiveSheet.QueryTables.Add _
(Connection:=WebAress2,
Destination:=Range(DesCell))
    .WebFormatting = xlWebFormattingNone
    .Refresh BackgroundQuery:=False
End With

End Sub
```

3-4 多重匯總資料

到目前為止，已經分別在3張工作表，取得3個年度的中文圖書借閱排行，假設取得這個資料目的之一，是想要將期間擴大，瞭解以3個年度來說，哪些書籍的借閱次數最多，熟悉Excel操作的讀者，應該會想到樞紐分析表這個工具。

關於樞紐分析表，筆者於《會計人的Excel小教室》第四章「樞紐分析表應用」有專門的介紹，但這裡的範例首先有個問題，資料是分散在3張工作表，在新版的Excel樞紐分析表工具，並沒有直接彙總分散資料來源的方式，比較可行的作法是先將分散資料貼到一塊，再建立報表。然而，有使用過2003版本Excel的讀者，應該印象中有個樞紐分析表精靈，可以輕鬆完成分散資料的彙總，以下具體介紹：

1 如圖所示，依照本章介紹方法，分別於3張工作表，取得3個年度借閱排行，想在工作表「排行榜」再統計3個年度彙總起來的排行。

2 組合鍵「Alt+D」，上方功
能區會跳出視窗：「繼續鍵入
較早版本Office的功能鍵」，
表示要使用舊版本功能，接著
再按「p」鍵，便會進入「樞紐分析表精靈」。

Office 便捷鍵: ALT，D，

繼續鍵入較早版本 Office 的功能表按鍵
組合，或按 ESC 取消。

3 「樞紐分析表精靈」步驟1，選擇「多重彙總資料範圍」，然後「下一步」

4 「步驟3之2a」，選擇預設的「請幫我建立一個分頁欄位」。

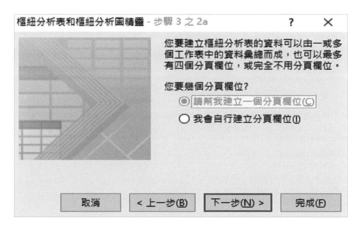

5 「步驟3之2b」,「您要彙總哪些工作表上的範圍」,利用「範圍」輸入欄位右邊的儲存小圖標,將3個工作表「B2:C205」範圍「新增」進來,因為每張工作表範圍相同,其實只要第一張「新增」好了,再點選第二張工作表時,範圍會自動預設為「B2:C205」,所以蠻快的,最後按「完成」即可,「下一步是選取所建立報表的位置,在這裡並不需要,因此直接略過。

6 所建立樞紐分析表預設的「摘要值方式」為「項目個數」,亦即有多少項,而這裡希望的是每個項目加起來是借閱次數多少,所以游標移到次數欄位下的報表儲存格,滑鼠右鍵,將「摘要值方式」改為「加總」。

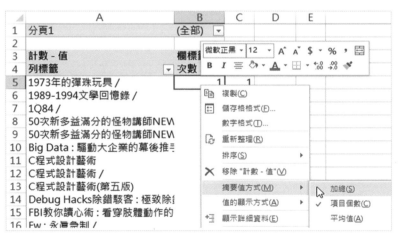

7 建立好的樞紐分析表如圖所示，《1973年的彈珠玩具》於3年間，總共被借閱了47次。

	A	B
1	分頁1	(全部) ▼
2		
3	加總 - 值	欄標籤 ▼
4	列標籤 ▼	次數
5	1973年的彈珠玩具 /	47
6	1989-1994文學回憶錄 /	47
7	1Q84 /	335
8	50次新多益滿分的怪物講師NEW TOEIC新多益閱讀攻略+模擬試題+	83
9	50次新多益滿分的怪物講師NEW TOEIC新多益聽力攻略+模擬試題+	68
10	Big Data：驅動大企業的幕後推手 /	47
11	C程式設計藝術	58

　　成功建立樞紐分析表之後，接著將報表排序，便可以得到以3年為期間的排行榜。依照樞紐分析表的功能，可以很快速變換期間，例如改成某兩個年度的排行，透過滑鼠在報表上連按兩下，也可以快速得到明細，這些將在下一節介紹。

Memo

3-5 樞紐分析表排序

　　上一節成功取得資料、建立樞紐分析表，熟悉Excel的讀者，應該很熟悉這個分析表（倘若不熟，建議可參考本書兄弟作《會計人的Excel小教室》），可以這麼說，本書寫到目前為止，都是談如何取得資料，但其實運用資料才是重點。這裡以上一節為基礎，介紹如何賦予資料意義：

1 點開「列標籤」右邊的三角形清單，選擇「更多排序選項」。

2 在跳出來的「排序（列）」，「排序選項」為「遞減（Z到A）方式」，下拉式清單選「加總-值」，表示依照次數從大排到小，也就是排行榜的順序。

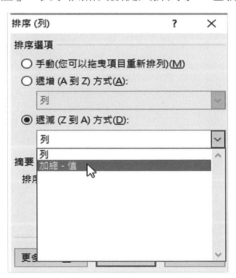

3 結果出爐，江湖還是老的辣，金庸小說包辦前五名！其中《天龍八部》於
3年間總計借閱808次，第一名。

	A	B	C
1	分頁1	(全部) ▽	
2			
3	加總 - 值	欄標籤 ▽	
4	列標籤 ↓↑	次數	總計
5	天龍八部 = The semi-gods and the semi-devils /	808	808
6	射鵰英雄傳 = The eagle-shooting heroes /	633	633
7	鹿鼎記 = The duke of the mount deer /	590	590
8	神鵰俠侶 = The giant eagle and its companion /	539	539
9	笑傲江湖 = The smiling, proud wanderer /	513	513
10	清宮內務府造辦處檔案總匯 雍正-乾隆	427	427
11	NEW TOEIC TEST金色證書：模擬測驗 /	419	419
12	費曼物理學講義 . II, 電磁與物質 /	413	413

4 最後分享樞紐分析表另外一個統計方式，溫習回到上一節第四步驟：「步
驟3之2a」，改成選擇預設的「我會自行建立分頁欄位」。

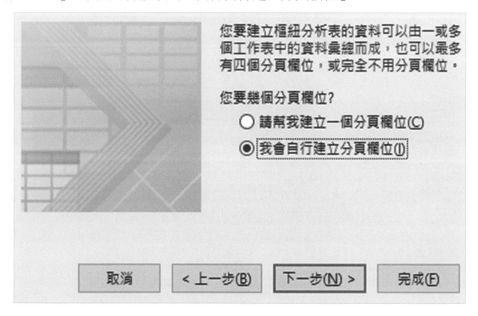

您要建立樞紐分析表的資料可以由一或多
個工作表中的資料彙總而成，也可以最多
有四個分頁欄位，或完全不用分頁欄位。

您要幾個分頁欄位？

○ 請幫我建立一個分頁欄位(C)

◉ 我會自行建立分頁欄位(I)

取消　　< 上一步(B)　　下一步(N) >　　完成(F)

5 接下來「步驟 3 之 2b」，上面設置和上一節相同，中間「您要幾個分頁欄位？」點選「1(1)」，下面的「分頁欄位的標籤是什麼？」如圖所示，分別填入「2014」、「2015」、「2016」，輸入方式較為特殊，先在上面「所有範圍」，先選擇「'2014年中文圖書'!$B$2:$C$204」使其反綠，然後再於下面「第一欄」標籤輸入「2014」，接著再以同樣方式，依序輸入「2015」及「2016」。

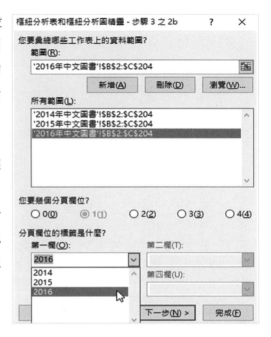

6 建立樞紐分析表後，上面「分頁1」右邊的篩選三角形往下拉，看到3個年度清單，熟悉Excel篩選指令的讀者，應該都知道如果勾選「2015」及「2016」，意思就是以兩個年度的資料作樞紐分析，排序亦同。其中《天龍八部》於兩年間總計借閱504次，仍然第一名。

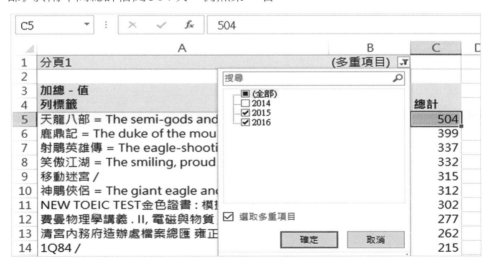

7 樞紐分析表的妙用之一，在彙總資料任何一個儲存格滑鼠連按兩下，便會自動新增一個工作表列出明細，例如在上一步驟的綠色儲存格「C5」，滑鼠連按兩下，馬上可得到統計出504次數的明細，原來圖書館裡有兩本《天龍八部》，可能是新舊不同、可能是出版社版本不同，總之借閱次數都蠻不錯的。

	A	B	C	D
1	列 ▼	欄 ▼	值 ▼	分頁 ▼
2	天龍八部 = The semi-gods and the semi-devils /	次數	83	2016
3	天龍八部 = The semi-gods and the semi-devils /	次數	144	2016
4	天龍八部 = The semi-gods and the semi-devils /	次數	82	2015
5	天龍八部 = The semi-gods and the semi-devils /	次數	195	2015

　　利用Excel取得網頁資料，技術上有許多地方必須克服，不過在克服的過程中，還是不能忘記目的是先取得資料再加以分析，如此一方面在學習的時候覺得比較有意義，另一方面把握住目的，會影響如何選擇適當的技術和工具。以這一章圖書館借閱排行榜為例，本質上仍然是一次又一次取得網頁資料，然後再以Excel樞紐分析表工具處理，還沒達到批量取得大數據資料的程度，不過卻也已經能達成一定需求的任務了。

Memo ==

有許多單位網站會提供表格性質的資料，如果定期下載可以累積可觀的資料，不過如果直接下載，往往會有格式錯亂的問題，本章討論如何解決這個問題。本書前三章「藝文展覽」、「天氣預報」、「借閱排行」，題材較為生活化，用意在將 Excel 的 wifi「打開」，介紹如何在技術層面連上網路取得資料。現今網路資訊如此多元，讀者也可以依照自己興趣和需要，設計專屬的 Excel 生活助理。這一章開始，題材會以商業化應用為主，首先是分享如何運用 Excel 取得匯率資料。

4-1 網路表格資料的取得

1 台灣銀行匯率、利率、黃金牌價查詢服務：「http://rate.bot.com.tw/」，如今無論公司或者個人，對於匯率多少應該都有興趣。仔細拆解網址結構，「rate」代表利率、「bot」代表 Bank of Taiwan 台灣銀行、「com.tw」則是台灣網址。瞭解網址是批量取得網頁資料的基礎。

Memo ▰▰▰▰▰▰▰▰▰▰▰

2 超連結「牌告匯率」：「http://rate.bot.com.tw/xrt?Lang=zh-TW」，這是「牌價最新掛牌時間」，所以是營業時間工作日才有掛牌匯率，周末和例假日沒有，注意到最下面有個「下載Excel檔」。

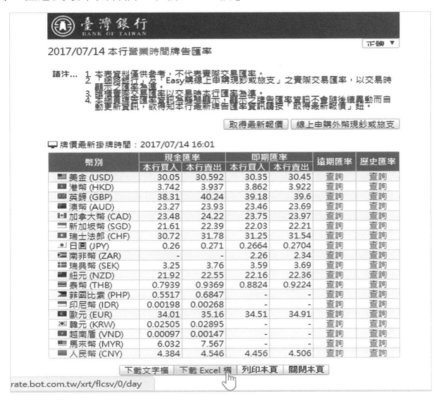

3 下載後的Excel檔如圖所示，已經將網頁資料整理很好了， 現今公務機關資訊公開，很多資料都像這樣整理成Excel檔供下載。

	A	B	C	D	E	F	G	H	I
	幣別	匯率	現金	即期	遠期10天	遠期30天	遠期60天	遠期90天	遠期120天
	USD	本行買入	30.05	30.35	30.337	30.31	30.275	30.236	30.18
	HKD	本行買入	3.742	3.862	3.861	3.86	3.858	3.856	3.85
	GBP	本行買入	38.31	39.18	39.174	39.163	39.151	39.135	39.10
	AUD	本行買入	23.27	23.46	23.444	23.411	23.377	23.336	23.28
	CAD	本行買入	23.48	23.75	23.743	23.73	23.714	23.691	23.6
	SGD	本行買入	21.61	22.03	22.022	22.006	21.992	21.97	21.94
	CHF	本行買入	30.72	31.25	31.256	31.267	31.289	31.311	31.32
	JPY	本行買入	0.26	0.266	0.2664	0.2664	0.2664	0.2664	0.266

4 「歷史匯率查詢」：「http://rate.bot.com.tw/xrt/history?Lang=zh-TW」，
依照網頁上選單，最早是到2016年1月。

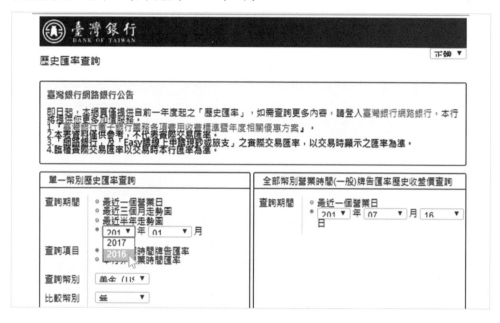

5 「http://rate.bot.com.tw/xrt/quote/2016-01/USD」，網頁上呈現的資料
很完整，還可以「下載Excel檔」。

掛牌日期	幣別	現金匯率		即期匯率	
		本行買入	本行賣出	本行買入	本行賣出
2016/01/30	美金 (USD)	33.1	33.642	33.4	33.5
2016/01/29	美金 (USD)	33.01	33.552	33.31	33.41
2016/01/28	美金 (USD)	33.24	33.782	33.54	33.64
2016/01/27	美金 (USD)	33.24	33.782	33.54	33.64
2016/01/26	美金 (USD)	33.265	33.807	33.565	33.665
2016/01/25	美金 (USD)	33.175	33.717	33.475	33.575
2016/01/22	美金 (USD)	33.25	33.792	33.55	33.65
2016/01/21	美金 (USD)	33.415	33.957	33.715	33.815
2016/01/20	美金 (USD)	33.335	33.877	33.635	33.735
2016/01/19	美金 (USD)	33.275	33.817	33.575	33.675
2016/01/18	美金 (USD)	33.26	33.802	33.56	33.66
2016/01/15	美金 (USD)	33.195	33.737	33.495	33.595
2016/01/14	美金 (USD)	33.135	33.677	33.435	33.535
2016/01/13	美金 (USD)	33.055	33.597	33.355	33.455
2016/01/12	美金 (USD)	33.075	33.617	33.375	33.475
2016/01/11	美金 (USD)	33.04	33.582	33.34	33.44
2016/01/08	美金 (USD)	32.975	33.517	33.275	33.375
2016/01/07	美金 (USD)	32.975	33.517	33.275	33.375
2016/01/06	美金 (USD)	32.87	33.412	33.17	33.27
2016/01/05	美金 (USD)	32.7	33.242	33	33.1
2016/01/04	美金 (USD)	32.66	33.202	32.96	33.06

下載 Excel 檔　返回上頁　列印本頁

6 「http://rate.bot.com.tw/xrt/quote/2015-01/USD」，雖然主頁上看不到「2015-01」的超連結選項，但是於瀏覽器網址手工修改，發現其實「2015-01」的網頁仍然存在。

掛牌日期	幣別	現金匯率		即期匯率	
		本行買入	本行賣出	本行買入	本行賣出
2015/01/30	美金 (USD)	31.15	31.692	31.45	31.55
2015/01/29	美金 (USD)	31.05	31.592	31.35	31.45
2015/01/28	美金 (USD)	30.86	31.402	31.16	31.26
2015/01/27	美金 (USD)	30.93	31.472	31.23	31.33
2015/01/26	美金 (USD)	30.935	31.477	31.235	31.335
2015/01/23	美金 (USD)	30.95	31.492	31.25	31.35
2015/01/22	美金 (USD)	31.085	31.627	31.385	31.485
2015/01/21	美金 (USD)	31.15	31.692	31.45	31.55
2015/01/20	美金 (USD)	31.315	31.857	31.615	31.715
2015/01/19	美金 (USD)	31.135	31.677	31.435	31.535
2015/01/16	美金 (USD)	31.21	31.752	31.51	31.61
2015/01/15	美金 (USD)	31.36	31.902	31.66	31.76
2015/01/14	美金 (USD)	31.445	31.987	31.745	31.845
2015/01/13	美金 (USD)	31.47	32.012	31.77	31.87
2015/01/12	美金 (USD)	31.495	32.037	31.795	31.895
2015/01/09	美金 (USD)	31.56	32.102	31.86	31.96
2015/01/08	美金 (USD)	31.645	32.187	31.945	32.045
2015/01/07	美金 (USD)	31.63	32.172	31.93	32.03
2015/01/06	美金 (USD)	31.63	32.172	31.93	32.03
2015/01/05	美金 (USD)	31.6	32.142	31.9	32

下載 Excel 檔 返回上頁 列印本頁

7 將這一節的網址羅列清單如圖所示：

	A	B	C
1	台灣銀行匯率利率黃金牌價查詢服務		
2	項次	網頁	網址
3	1	查詢主頁	http://rate.bot.com.tw/
4	2	牌告匯率	http://rate.bot.com.tw/xrt?Lang=zh-TW
5	3	歷史匯率	http://rate.bot.com.tw/xrt/history?Lang=zh-TW
6	4	2016-01/USD	http://rate.bot.com.tw/xrt/quote/2016-01/USD
7	5	2015-01/USD	http://rate.bot.com.tw/xrt/quote/2015-01/USD

　　將台灣銀行網站查詢匯率的相關網頁列出來，可以很清楚其結構邏輯，其實不難想像，每個大型長期經營的網站建置者，預期網站內容會越來越豐富、網頁會越來越多，在以超連結串起來的各網頁之間，一定有規則可循，尤其是像歷史匯率這樣有時間性的資訊，大部分於網址結構會有個時間日期在裡面，當需要將一段區間的網頁內容全部打包下載到Excel時，掌握了網址規則，方能編寫適當VBA程式碼。

4-2 自動格式整理

1 沿用上一章所熟悉的VBA程式碼：

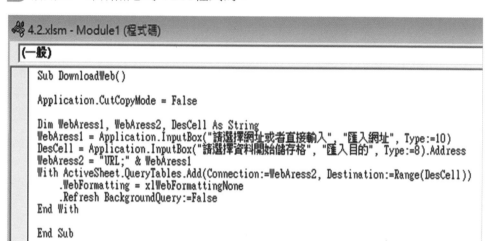

```
4.2.xlsm - Module1 (程式碼)

(一般)

Sub DownloadWeb()

Application.CutCopyMode = False

Dim WebAress1, WebAress2, DesCell As String
WebAress1 = Application.InputBox("請選擇網址或者直接輸入", "匯入網址", Type:=10)
DesCell = Application.InputBox("請選擇資料開始儲存格", "匯入目的", Type:=8).Address
WebAress2 = "URL;" & WebAress1
With ActiveSheet.QueryTables.Add(Connection:=WebAress2, Destination:=Range(DesCell))
    .WebFormatting = xlWebFormattingNone
    .Refresh BackgroundQuery:=False
End With

End Sub
```

2 如圖所示，取得資料是網頁表格的部分，剛好符合需要。下載會發現 Excel欄位變得很寬，所以手動調整了欄寬、將儲存格設定為置中對齊，另外和原始網頁兩相比較，應該是因為表格合併，造成圖片標綠色框部分有錯位的情形。

	A	B	C	D	E	F	G
1	掛牌日期	掛牌日期	幣別	現金匯率			即期匯率
2		本行買入		本行賣出	本行買入	本行賣出	
3	2015/1/30	美金 (USD)	31.15	31.692	31.45	31.55	
4	2015/1/29	美金 (USD)	31.05	31.592	31.35	31.45	
5	2015/1/28	美金 (USD)	30.86	31.402	31.16	31.26	
6	2015/1/27	美金 (USD)	30.93	31.472	31.23	31.33	
7	2015/1/26	美金 (USD)	30.935	31.477	31.235	31.335	
8	2015/1/23	美金 (USD)	30.95	31.492	31.25	31.35	
9	2015/1/22	美金 (USD)	31.085	31.627	31.385	31.485	
10	2015/1/21	美金 (USD)	31.15	31.692	31.45	31.55	

3 每次下載一個網頁，必須整理格式和調整錯位，像這樣機械式的操作，便是 VBA 可以發揮的地方之一。首先，各位讀者應該還記得 1.4 所介紹的「錄製巨集程式」。

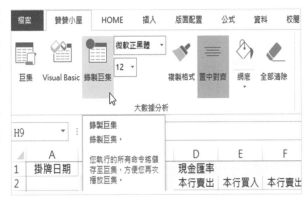

4 將原始下載資料整理成如圖所示。

	A	B	C	D	E	F
1	掛牌日期	幣別	現金匯率		即期匯率	
2			本行買入	本行賣出	本行買入	本行賣出
3	2015/1/30	美金 (USD)	31.15	31.692	31.45	31.55
4	2015/1/29	美金 (USD)	31.05	31.592	31.35	31.45
5	2015/1/28	美金 (USD)	30.86	31.402	31.16	31.26
6	2015/1/27	美金 (USD)	30.93	31.472	31.23	31.33
7	2015/1/26	美金 (USD)	30.935	31.477	31.235	31.335
8	2015/1/23	美金 (USD)	30.95	31.492	31.25	31.35
9	2015/1/22	美金 (USD)	31.085	31.627	31.385	31.485
10	2015/1/21	美金 (USD)	31.15	31.692	31.45	31.55

5 原始錄製的巨集程式，總共有 152 行！

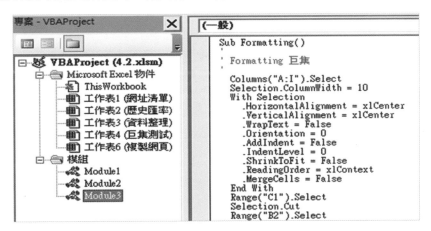

6 整理後的程式碼共12行。利用Excel錄製的巨集極具參考價值，但是如同1-5「編寫巨集程式」所述，現成的程式碼可能無法執行、可能太多不必要的設定，因此進一步瞭解研究並加以改造，才是學習VBA的王道。如圖所示，新增一個「Module4」，內容參考所錄製的巨集「Module3」，於VBA編輯環境可以將兩個以上模組都點開視窗，在不同模組複製貼上非常方便。

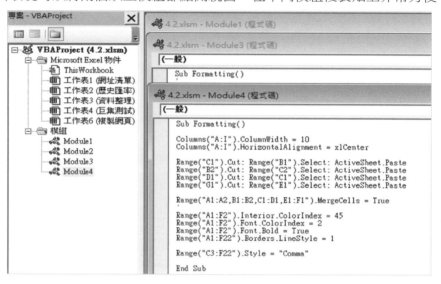

7 程式碼說明如下：

Columns("A:I").ColumnWidth = 10
設定A到I欄的欄寬為10。

Columns("A:I").HorizontalAlignment = xlCenter
設定A到I欄的水平置中。

Range("C1").Cut: Range("B1").Select: ActiveSheet.Paste
Range("B2").Cut: Range("C2").Select: ActiveSheet.Paste
Range("D1").Cut: Range("C1").Select: ActiveSheet.Paste
Range("G1").Cut: Range("E1").Select: ActiveSheet.Paste

以上4行程式碼，第一行是剪下「C1」，貼上到「B1」，接下來三行以此類推。程式碼中間的「:」，是VBA程式碼小幫手，作用是把兩行較短的代碼串連起來，和先前介紹的換行符號「 _ 」，一個是合併程式碼、一個是切開程式碼，作用剛好相反。

Range("A1:A2,B1:B2,C1:D1,E1:F1").MergeCells = True
將「A1:A2」、「B1:B2」等範圍儲存格合併。

Range("A1:F2").Interior.ColorIndex = 45
Range("A1:F2").Font.ColorIndex = 2
Range("A1:F2").Font.Bold = True
以上3行程式碼，分別設定儲存格填滿顏色、字型色彩、粗體，關於「Colorindex」顏色代碼，可以設置56種顏色，可以參閱以下網址。
https://msdn.microsoft.com/en-us/vba/excel-vba/articles/colorindex-property

---

Range("A1:F22").Borders.LineStyle = 1
「A1:F22」範圍裡的儲存格設置框線。

Range("C3:F22").Style = "Comma"
「C3:F22」範圍裡的儲存格數值格式為千分位、小數點兩位。

所有網頁取得的資料，如同直接於Excel編製的報表，格式上都需要再作調整，如果以這一章為例，匯率資料是會經常性取得的，在編寫VBA程式碼，設計上應該同時把內容格式考量在內，如同這一節所分享，透過Excel本身錄製巨集的參考工具，格式調整相關的程式碼相對於取得網頁資料，較為簡單容易理解，因此何樂而不為呢。擴大而言，除了匯率資料，無論是需要取得哪一個網頁的資料，都可以用這一節相同方法自動調整資料格式。

4-3 批次取得資料

　　如果你進入Excel顏色代碼表的連結，會看到代碼表。那張表本身便是 VBA程式碼自動產生的，運用的是一般程式設計裡都有的「迴圈」概念。在依照某個規則大量運行程式的場合，非常適合設計迴圈。這一節首先以顏色代碼表為例，簡單介紹迴圈如何設置，接著再以這一章取得匯率的主題，運用迴圈批次取得一整年12個月的歷史匯率。

1 圖片所示的程式碼說明如下：「Cells. Clear」先清除工作表。「For i = 1 To 14 Step 1」以變數「i」設置迴圈程式，從「1」開始到「14」，「Step 1」表示1、2、3數列的順

```
4.3 批次取得資料.xlsm - Module2 (程式碼)
(一般)

Public Sub Colorindex()
Cells.Clear  '清除工作表所有內容及格式
For i = 1 To 14 Step 1  '設置迴圈及宣告變數
Cells(1, i).Value = i  '輸入儲存格值
Cells(2, i).Interior.Colorindex = i  '儲存格填滿色彩
Next i  '跳回到For進行下一個變數循環
End Sub
```

序，如果是「Step 2」便是2、4、6數列，這裡是為求範例完整加了個「Step 1」，其實這是系統預設值可以省略的。「Cells(1, i)」是儲存格對象，裡面的「1」代表第幾列、「i」代表第幾欄，「Value」為儲存格值的屬性，「Interior. Colorindex」為儲存格背景色彩的屬性。圖片綠色部分前面加「'」為註記文字，這是編寫程式的慣常用法。

2 執行巨集「Colorindex」的結果如圖所示。（實際顏色可參閱81頁之網址）

◢	A	B	C	D	E	F	G	H	I	J	K	L	M	N
1	1	2	3	4	5	6	7	8	9	10	11	12	13	14
2														

3 依照相同思惟，外面再加一層變數「j」迴圈，計算式作一些變化，編寫如圖所示的程式，執行結果便是上一節最後連結所示的顏色代碼表。

```
Public Sub Colorindex()
Cells.Clear    '清除工作表所有內容及格式
For j = 1 To 4
For i = 1 To 14 Step 1   '設置迴圈及宣告變數
Cells(j * 2 - 1, i).Value = 14 * (j - 1) + i '輸入儲存格值
Cells(j * 2, i).Interior.Colorindex = 14 * (j - 1) + i '儲存格填滿色彩
Next i   '跳回到For進行下一個變數循環
Next j
End Sub
```

4 接下來要將迴圈設計的概念，嵌入取得匯率資料的程式裡，以便一次取得數期的歷史匯率。首先，整理先前的程式碼，取消 InputBox，回到一開始直接寫入網址及位置的方式，最後加一個欄寬及水平置中的格式調整，避免每次下載完欄位變得很寬，很不方便，其餘顏色及框線僅僅是美觀考量，暫不設置。

```
Sub DownloadWeb()

Application.CutCopyMode = False

With ActiveSheet.QueryTables.Add _
    (Connection:="URL;http://rate.bot.com.tw/xrt/quote/2015-01/USD", _
    Destination:=Range("$A$1"))
    .WebFormatting = xlWebFormattingNone
    .Refresh BackgroundQuery:=False
End With

Columns("A:I").ColumnWidth = 10
Columns("A:I").HorizontalAlignment = xlCenter

End Sub
```

5 執行結果如圖所示，標綠部分是第23行，也就是網頁一個月的匯率資料有22行，如果要一次取得12個月的資料，等於是設置「step 22」的迴圈，讓第二個月的資料從第23行開始，第三個月之後依序類推。

	A	B	C	D	E	F	G
1	掛牌日期	掛牌日期	幣別	現金匯率			即期匯率
2		本行買入		本行賣出	本行買入	本行賣出	
3	2015/1/30	美金 (USD)	31.15	31.692	31.45	31.55	
4	2015/1/29	美金 (USD)	31.05	31.592	31.35	31.45	
5	2015/1/28	美金 (USD)	30.86	31.402	31.16	31.26	
6	2015/1/27	美金 (USD)	30.93	31.472	31.23	31.33	
7	2015/1/26	美金 (USD)	30.935	31.477	31.235	31.335	
8	2015/1/23	美金 (USD)	30.95	31.492	31.25	31.35	
9	2015/1/22	美金 (USD)	31.085	31.627	31.385	31.485	
10	2015/1/21	美金 (USD)	31.15	31.692	31.45	31.55	
11	2015/1/20	美金 (USD)	31.315	31.857	31.615	31.715	
12	2015/1/19	美金 (USD)	31.135	31.677	31.435	31.535	
13	2015/1/16	美金 (USD)	31.21	31.752	31.51	31.61	
14	2015/1/15	美金 (USD)	31.36	31.902	31.66	31.76	
15	2015/1/14	美金 (USD)	31.445	31.987	31.745	31.845	
16	2015/1/13	美金 (USD)	31.47	32.012	31.77	31.87	
17	2015/1/12	美金 (USD)	31.495	32.037	31.795	31.895	
18	2015/1/9	美金 (USD)	31.56	32.102	31.86	31.96	
19	2015/1/8	美金 (USD)	31.645	32.187	31.945	32.045	
20	2015/1/7	美金 (USD)	31.63	32.172	31.93	32.03	
21	2015/1/6	美金 (USD)	31.63	32.172	31.93	32.03	
22	2015/1/5	美金 (USD)	31.6	32.142	31.9	32	
23							
24							

Memo

6 在上一步驟的基礎上，設計迴圈，編寫程式如圖所示。這裡用到的概念有變數計算、迴圈設置、條件判斷、格式調整，除了條件判斷，其他概念在先前章節都有相關範例，條件判斷在下一節再多加介紹。

```
Sub DownloadWeb()

Dim i As Integer, Month As String
For i = 1 To 12
If i < 10 Then
Month = "0" & CStr(i)
Else
Month = CStr(i)
End If
WebAddress = "URL;http://rate.bot.com.tw/xrt/quote/2015-" & Month & "/USD"
DesCell = Cells((1 + (i - 1) * 25), 1).Address

With ActiveSheet.QueryTables.Add _
    (Connection:=WebAddress, _
    Destination:=Range(DesCell))
    .WebFormatting = xlWebFormattingNone
    .Refresh BackgroundQuery:=False
End With

Next i

Columns("A:I").ColumnWidth = 10
Columns("A:I").HorizontalAlignment = xlCenter

End Sub
```

7 執行「DownloadWeb」巨集，成功一次取得2015年12個月的美元歷史匯率，下載到Excel工作表上，因資料量多，以20%比例呈現，Excel會自動加上外部資料的標題，從「外部資料_1」到「外部資料_12」，包含中間空白總共有300行的歷史匯率明細。

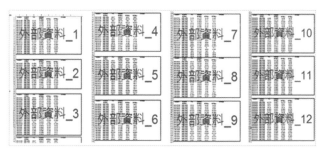

從略縮圖來看，顯然在不同月分的資料表之間，留有許多行的空白，在格式也沒有多作設定，必須下載完資料後再作整理。另外這個程式碼是固定的，例如我如果想要的是2016年的美元資料、或者是2015年的歐元資料，只能再修改程式碼，凡此種種，都需要進一步設計完善，這個會在往後章節繼續介紹。

4-4 年分幣別選擇

上一節透過定義月分變數的方式，將期間固定為1到12月，一次下載2015年度各個月分的美元匯率。除了特定年度及幣別，實務上有時需要下載不同年度、不同幣別的歷史匯率資料，甚至是一次下載許多年度和幣別的資料，以VBA程式碼而言，亦即關於歷史匯率還有兩個關鍵變數：年度及幣別。透過定義變數的方式，再搭配For…Next的迴圈設計，視情況也許需要加上條件判斷，便可以達到自由選擇年度及幣別的功能。這一節先詳盡說明條件判斷語法，接著以先前章節介紹過的Application.InputBox方法，於對話方塊輸入幣別。

1 稍加修改上一節批次取得匯率的程式碼，重點說明條件判斷的程式寫法。

```
4.4.xlsm - Module2 (程式碼)
(一般)

Sub IfFunction()

Dim i As Integer, Month, WebAddress, DesCell As String

For i = 1 To 12

    If i < 10 Then
    Month = "0" & CStr(i)
    Else
    Month = CStr(i)
    End If

    WebAddress = "URL;http://rate.bot.com.tw/xrt/quote/2015-" & Month & "/USD"
    DesCell = Cells((1 + (i - 1) * 25), 1).Address

    Cells(i, 1).Value = Month
    Cells(i, 2).Value = DesCell
    Cells(i, 3).Value = WebAddress

Next i

End Sub
```

說明如下：

Sub IfFunction()

編寫名稱為「IfFunction」的巨集程式碼。

Dim i As Integer, Month, WebAddress, DesCell As String

Dim是宣告變數，其中i為整數（Integer），Month、WebAddress、DesCell為文字（String），如果省略，VBA會自動將出現的變數設定為萬用類型（Variant）。在電腦的記憶體倉庫裡，每種變數類型佔用的空間不同，萬用類型所佔用空間當然是最多的，因此要養成宣告變數的習慣，一來避免降低Excel執行效率，二來寫長程式必須結構嚴謹，明確宣告變數便是嚴謹的要求之一。

For i = 1 To 12

設置1到12的迴圈，如前面文章所述，這裡其實省略了「step 1」，因為對執行效率沒有影響，以整數為迴圈是一般用法，所以毋須像Dim宣告變數那麼嚴謹。

If i < 10 Then

這個應該蠻容易理解，「If+條件+Then」是VBA規範寫法，如圖所示，一定要換行之後，再寫滿足條件時的執行程式，然後換行「Else」，接著再換行寫否則時的執行程式，最後也一定不能漏掉換行「End If」，在VBA編寫條件判斷程式，一定要照這樣的規矩走，不然程式無法順利被讀取執行，Excel會跳錯。

Month = "0" & CStr(i)

滿足i<10條件時，將文字變數Month前面加一個零，這個套用Cstr函數，「CStr(i)」用意是將整數類型的變數i轉換成特定文字，前面「"0"」是加雙引號表示文字，和Excel資料編輯列相同用法。例如在迴圈i=1的情況下，這裡的Month便是文字「01」，依照迴圈和條件式跑下來，Month會從「01」一直跳到「09」。

Else

在整個條件語句結構，這裡是表示條件不滿足、否則的時候要怎麼做。

Month = CStr(i)

當「i<10」不成立時，設定Month為轉換成文字的i變數，因為一開始的迴圈是「For i = 1 To 12」，這裡的結果便是「10」、「11」、「12」，分別會於第10次、第11次、第12次迴圈時適用。

End If

結束If判斷句。

WebAddress = "URL;http://rate.bot.com.tw/xrt/quote/2015-" & Month & "/USD"

設定文字變數WebAddress，在固定的網址中間，套用一個文字變數Month。順著迴圈跑「For i = 1 To 12」，便是2015年1到12月的匯率網址。

DesCell = Cells((1 + (i - 1) * 25), 1).Address

設定文字變數DesCell，搭配迴圈為工作表座標（1,1）、（26,1）、（51,1）等，「.Address」意思是取儲存格的參照。於此再複習一次，VBA的標準語法為「物件.屬性」或「物件.方法」，這裡的物件為Cells，屬性為其參照。

Cells(i, 1).Value = Month
Cells(i, 2).Value = DesCell
Cells(i, 3).Value = WebAddress

依照迴圈順序，將3個文字變數的值，顯示於工作表。

Next i

執行變數i的下一次迴圈。

End Sub

結束程式。

2 執行結果如圖所示。

	A	B	C
1	1	$A$1	URL;http://rate.bot.com.tw/xrt/quote/2015-01/USD
2	2	$A$26	URL;http://rate.bot.com.tw/xrt/quote/2015-02/USD
3	3	$A$51	URL;http://rate.bot.com.tw/xrt/quote/2015-03/USD
4	4	$A$76	URL;http://rate.bot.com.tw/xrt/quote/2015-04/USD
5	5	$A$101	URL;http://rate.bot.com.tw/xrt/quote/2015-05/USD
6	6	$A$126	URL;http://rate.bot.com.tw/xrt/quote/2015-06/USD
7	7	$A$151	URL;http://rate.bot.com.tw/xrt/quote/2015-07/USD
8	8	$A$176	URL;http://rate.bot.com.tw/xrt/quote/2015-08/USD
9	9	$A$201	URL;http://rate.bot.com.tw/xrt/quote/2015-09/USD
10	10	$A$226	URL;http://rate.bot.com.tw/xrt/quote/2015-10/USD
11	11	$A$251	URL;http://rate.bot.com.tw/xrt/quote/2015-11/USD
12	12	$A$276	URL;http://rate.bot.com.tw/xrt/quote/2015-12/USD

3 整理台灣銀行的幣別資料如圖所示,在這裡選擇比較常見的15種幣別。

	A	B	C	D	E	F
1	幣別	代碼	幣別	代碼	幣別	代碼
2	美金	USD	新加坡幣	SGD	歐元	EUR
3	港幣	HKD	瑞士法郎	CHF	韓元	KRW
4	英鎊	GBP	日圓	JPY	越南盾	VND
5	澳幣	AUD	南非幣	ZAR	馬來幣	MYR
6	加拿大幣	CAD	瑞典幣	SEK	人民幣	CNY

Memo --

4 修改程式碼如圖所示。Dim 多增加了變數 Year 及 Currence 的宣告，多了兩行引用「Application.InputBox」方法定義變數，其中「Type:=2」為輸入文字、「Type:=8」為儲存格參照，關於不同 Type 型態的說明，可參考 3-3「新增工作表視窗」第一步驟的圖片。另外也依照變數設定，更改網址定義：「WebAddress = "URL;http://rate.bot.com.tw/xrt/quote/" & Year & "-" & Month & "/" & Currence」。

```
4.4.xlsm - Currence (程式碼)

(一般)

    Sub Currence()

    Dim i As Integer, Year, Month, Currence, WebAddress, DesCell As String

    Year = Application.InputBox("請輸入年份", "四位數西元", Type:=2)
    Currence = Application.InputBox("請選擇幣別", "儲存格參照", Type:=8)

    For i = 1 To 12

        If i < 10 Then
        Month = "0" & CStr(i)
        Else
        Month = CStr(i)
        End If

    WebAddress = "URL;http://rate.bot.com.tw/xrt/quote/" & Year & "-" & Month & "/" & Currence
    DesCell = Cells((1 + (i - 1) * 25), 1).Address

    Cells(i, 1).Value = Month
    Cells(i, 2).Value = DesCell
    Cells(i, 3).Value = WebAddress

    Next i

    End Sub
```

5 執行 Currence 巨集程序，首先於跳出來的視窗中，直接輸入「四位數西元年份」，範例是輸入「2016」。

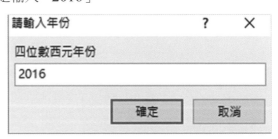

6 「選擇儲存格參照」為「B3」（港幣HKD），顯示於視窗即為「幣別!$B$3」。

	A	B	C	D	E	F
1	幣別	代碼	幣別	代碼	幣別	代碼
2	美金	USD	新加坡幣	SGD	歐元	EUR
3	港幣	HKD	瑞士法郎	CHF	韓元	KRW
4	英鎊	GBP	日圓	JPY	越南盾	VND
5	澳幣	AUD	南非幣	ZAR	馬來幣	MYR
6	加拿大幣	CAD	瑞典幣	SEK	人民幣	CNY

請輸入幣別   ?   ×

選擇儲存格參照

幣別!$B$3

確定   取消

7 如圖片所示，成功列出2016年HKD的歷史匯率網址。

	A	B	C
1	1	$A$1	URL;http://rate.bot.com.tw/xrt/quote/2016-01/HKD
2	2	$A$26	URL;http://rate.bot.com.tw/xrt/quote/2016-02/HKD
3	3	$A$51	URL;http://rate.bot.com.tw/xrt/quote/2016-03/HKD
4	4	$A$76	URL;http://rate.bot.com.tw/xrt/quote/2016-04/HKD
5	5	$A$101	URL;http://rate.bot.com.tw/xrt/quote/2016-05/HKD
6	6	$A$126	URL;http://rate.bot.com.tw/xrt/quote/2016-06/HKD
7	7	$A$151	URL;http://rate.bot.com.tw/xrt/quote/2016-07/HKD
8	8	$A$176	URL;http://rate.bot.com.tw/xrt/quote/2016-08/HKD
9	9	$A$201	URL;http://rate.bot.com.tw/xrt/quote/2016-09/HKD
10	10	$A$226	URL;http://rate.bot.com.tw/xrt/quote/2016-10/HKD

　　這一節成功設置了年份和幣別的選擇，然而僅僅是在工作表上體現儲存格參照和網址，用意在於瞭解如何適當地定義變數，下一節即以此為基礎，進一步取得批次網頁資料並修改格式。

4-5 多餘資料刪除

綜合本書到目前為止的內容，可知利用Excel取得網頁資料並不難，麻煩的是整批量下載的內容，於工作表上會有很多不必要的東西，例如重覆的標題行和與核心資料無關的訊息，所幸於整理資料表這方面，Excel剛好是專家，再搭配VBA可以達到很高效率的作業。這一節便以歷史匯率為範例，介紹如何適當地刪除多餘的資料。

1️⃣ 結合 4 - 3 來利用「QueryTables.Add」取得網頁匯率的程式碼、和4-4利用「Application.InputBox」輸入年份幣別的方法，編寫VBA程式碼如圖所示。

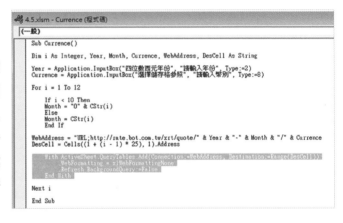

```
4.5.xlsm - Currence (程式碼)
(一般)

Sub Currence()

Dim i As Integer, Year, Month, Currence, WebAddress, DesCell As String

Year = Application.InputBox("四位數西元年份", "請輸入年份", Type:=2)
Currence = Application.InputBox("選擇儲存格參照", "請輸入幣別", Type:=8)

For i = 1 To 12
    If i < 10 Then
        Month = "0" & CStr(i)
    Else
        Month = CStr(i)
    End If

WebAddress = "URL;http://rate.bot.com.tw/xrt/quote/" & Year & "-" & Month & "/" & Currence
DesCell = Cells((1 + (i - 1) * 25), 1).Address

    With ActiveSheet.QueryTables.Add(Connection:=WebAddress, Destination:=Range(DesCell))
        .WebFormatting = xlWebFormattingNone
        .Refresh BackgroundQuery:=False
    End With

Next i

End Sub
```

2️⃣ 執行程式，選擇2016年的港幣(HKD)。為了方便截圖，直接取得的資料在格式上已經先調整了欄位，並且把日期隱藏起來，但是有兩個問題，一個是圖片灰色部分，標題欄位的格式跑掉了，另一個是圖片綠色部分，在不同月分之間會有空行存在。

	A	B	C	D	E	F	G
1	掛牌日期	掛牌日期	幣別	現金匯率			即期匯率
2		本行買入		本行賣出	本行買入	本行賣出	
3	2016/1/30	港幣 (HKD)	4.144	4.344	4.269	4.329	
4	2016/1/29	港幣 (HKD)	4.129	4.328	4.253	4.313	
5	2016/1/28	港幣 (HKD)	4.156	4.356	4.281	4.341	
6	2016/1/27	港幣 (HKD)	4.157	4.357	4.282	4.342	
7	2016/1/26	港幣 (HKD)	4.156	4.356	4.281	4.341	
8	2016/1/25	港幣 (HKD)	4.149	4.349	4.274	4.334	
24							
25							
26	掛牌日期	掛牌日期	幣別	現金匯率			即期匯率
27		本行買入		本行賣出	本行買入	本行賣出	
28	2016/2/26	港幣 (HKD)	4.124	4.323	4.248	4.308	
29	2016/2/25	港幣 (HKD)	4.128	4.327	4.252	4.312	

3 編寫刪除空白行的程式碼，意思是找出A欄中，儲存格特殊狀態為空白的對象物件，然後執行刪除整行的方法。這一行程式碼為慣常用法，看起來有點複雜，但一經拆解，其實在架構上仍然是「物件.方法」的標準VBA語法。

```
(一般)
Sub DeleteRows()
Range("A:A").SpecialCells(xlCellTypeBlanks).EntireRow.Delete
End Sub
```

4 執行「DeleteRows」巨集程式，結果如圖所示，原本綠色部分的空行、包括一部分灰色A欄為空格，整行都被刪除了，不過仍然有多餘的標題欄存在。

	A	B	C	D	E	F	G
1	掛牌日期	掛牌日期	幣別	現金匯率			即期匯率
2	2016/1/30	港幣 (HKD)	4.144	4.344	4.269	4.329	
3	2016/1/29	港幣 (HKD)	4.129	4.328	4.253	4.313	
4	2016/1/28	港幣 (HKD)	4.156	4.356	4.281	4.341	
5	2016/1/27	港幣 (HKD)	4.157	4.357	4.282	4.342	
6	2016/1/26	港幣 (HKD)	4.156	4.356	4.281	4.341	
7	2016/1/25	港幣 (HKD)	4.149	4.349	4.274	4.334	
23	掛牌日期	掛牌日期	幣別	現金匯率			即期匯率
24	2016/2/26	港幣 (HKD)	4.124	4.323	4.248	4.308	
25	2016/2/25	港幣 (HKD)	4.128	4.327	4.252	4.312	

5 不同版本的Excel最大行數也不同，以作者2013年的Office而言，在任一工作表，按住「Ctrl」鍵再按方向鍵「下」，直接跳到最後一行，如圖所示為「1048576」，這便是目前Excel最大行數。如果想要針對整張工作表作整理，例如刪除含某特定內容儲存格所在的行，首先必須先知道最大行數。

93

6 編寫程式如圖所示，設置以 i 為變數的迴圈，從「1048576」到「2」，「Step -1」表示為遞減順序，保留第一行，是因為第一行應當為標題欄。在迴圈裡設計儲存格內容的判斷式，滿足條件時刪除第 i 行（Rows(i).Delete）。

```
(一般)

Sub DeleteCertainRows()

For i = 1048576 To 2 Step -1

If Cells(i, 1) = "掛牌日期" Then

Rows(i).Delete

End If

Next i

End Sub
```

7 執行結果如同預期，成功將其他多餘的資料都刪除了，只保留匯率的部分，截圖是每個月顯示3天，其餘隱藏，另外也手工修改了標題欄。

	A	B	C	D	E	F
1	掛牌日期	幣別	現金買入	現金賣出	即期買入	即期賣出
2	2016/1/30	港幣 (HKD)	4.144	4.344	4.269	4.329
3	2016/1/29	港幣 (HKD)	4.129	4.328	4.253	4.313
4	2016/1/28	港幣 (HKD)	4.156	4.356	4.281	4.341
23	2016/2/26	港幣 (HKD)	4.124	4.323	4.248	4.308
24	2016/2/25	港幣 (HKD)	4.128	4.327	4.252	4.312
25	2016/2/24	港幣 (HKD)	4.121	4.32	4.245	4.305
38	2016/3/31	港幣 (HKD)	4	4.195	4.12	4.18
39	2016/3/30	港幣 (HKD)	4.011	4.206	4.131	4.191
40	2016/3/29	港幣 (HKD)	4.052	4.247	4.172	4.232

　　這一節介紹兩種方法刪除資料，其一是刪除空行，其二是刪除特定內容的整行。依照範例程式碼，必須兩個方法的巨集都執行過，才能有預期的效果。其實如果理解了刪除特定內容的程式碼精髓，在程式設計上可以很靈活，設計出一次到位的程序，擴大而言，視不同網頁的結構狀況，以類似程式設計，都可以在下載資料的同時，把多餘不必要的內容刪除掉。在本書後面的章節，會再針對其他網頁分享如何整理所取得的資料。

Memo ==

Chapter 5 Excel 財務報表

如何一網打盡所有上市櫃公司財報，處理資料性網站的妙招

公開發行公司向社會大眾募集資金，經營者與所有者分離，股票在公開市場買賣，必須有一定程度的股權分散，等於社會大眾是這些公司的所有者，因此經營者有義務定期公開財務報表，讓社會大眾瞭解公司的經營狀況。目前主管機關證券交易所提供的平台工具，便是「公開資訊觀測站」網站。本章重點介紹透過這個平台，以最攸關的損益表為例，說明如何運用Excel取得公開發行公司財務報表。

5-1 財務報表下載

1 公開資訊觀測站：http://mops.twse.com.tw/mops/web/index，台灣查詢上市公司、上櫃公司、興櫃公司及其他公開發行公司之公開資訊的平台。移到「財務報表」頁籤：「採IFRSs後」、「合併/個別報表」、「綜合損益表」。

2 進入「綜合損益表」網頁:「http://mops.twse.com.tw/mops/web/
t164sb04」,最左邊的下拉選單設定為「歷史資料」,「公司代碼或簡稱」輸
入「2002」(中鋼),「年度」輸入「105」,「季別」輸入「4」。

3 直接於原網頁呈現損益表,仔細看網址並沒有改變。

4 以本書介紹的「QueryTables.Add」下載此網頁內容到Excel，會發現工作表沒有數字，這是新版公開資訊觀測站的特性，在它的《網站使用說明書》寫得很清楚，改版原因之一：「外界利用程式大量讀取網頁資料導致網站執行效率緩慢等問題」。

17	財務報表		綜合損益表		
18	採IFRSs後				
19	財務報告公告				
20	財務報告更(補)正查詢		列印網頁		
21	財務預測公告				
22	財務預測公告				
23	年度終了預計綜合				
24	損益表達成情形及				
25	差異原因公告				

5 於第三步驟點擊「XBRL資訊平台」，即開啟新網頁：「http://mops.twse.com.tw/server-java/t164sb01?step=1&CO_ID=2002&SYEAR=2016&SSEASON=4&REPORT_ID=C」從圖片右側的滾輪軸來看，網頁的內容非常多，實際瀏覽之後，發現它等於將整本會計師查核報告放到網頁上，這便是「XBRL(eXtensible Business Reporting Language)可延伸商業報告語言」的特色。另外此網址本身即包含了股票代碼（2002）、年度（2016）、季別（4）的資訊，這個將會是往後批次取得網頁資料的基礎。

IFRS單一公司案例文件預覽及下載

公司代號：2002　　代號查詢　年度：105 ▼　季別：第 4 ▼ 季　財報類別：合併財報 ▼　　查　詢

2002　105年第4季 IFRS 合併財務報表預覽

單位：新臺幣仟元

會計項目	2016年12月31日	2015年12月31日
資產負債表		
資產		
流動資產		
現金及約當現金		
現金及約當現金總額	15,467,768	20,334,823
透過損益按公允價值衡量之金融資產－流動		
透過損益按公允價值衡量之金融資產－流動合計	3,288,349	3,441,885
備供出售金融資產－流動		
備供出售金融資產－流動淨額	2,806,737	3,839,902
避險之衍生金融資產－流動	36,784	123,828

6 利用第一章介紹方法，以Excel原有指令取得網頁資料（「資料」、「取得外部資料」、「從Web」），因為內容多，而本章範例只針對損益表，因此可以在損益表的部分「按一下以選取這個表格」。

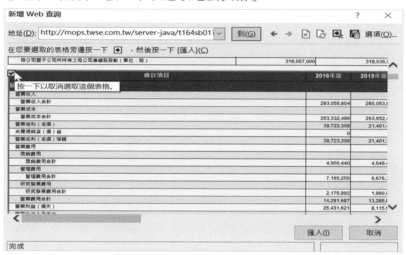

7 成功取得上市公司中鋼（股票代碼：2002）2016年度及上一個年度的損益表。

	A	B	C
1	會計項目	2016年度	2015年度
2	綜合損益表		
3	營業收入		
4	營業收入合計	293,055,804	285,053,876
5	營業成本		
6	營業成本合計	253,332,496	263,652,456
7	營業毛利（毛損）	39,723,308	21,401,420
8	未實現銷貨（損）益	0	89
9	營業毛利（毛損）淨額	39,723,308	21,401,331

這一節介紹用最原始方式取得公開發行公司損益表，其實於前面章節，已經分享過如何以VBA程式碼批次得網站資料，以財務報表為例，實務上可能依自己所持有的股票、或者有興趣投資的公司，也許需要一次取得很多家公司的報表作比較，也許需要同一家公司多個期間的趨勢分析，諸此種種，將會於後續章節繼續分享。

5-2 多期損益報表

上一節利用「按一下以選取這個表格」的功能，取得網頁某一個特定的表格資料，這一節先介紹如何以VBA方式完成相同任務。同時也運用上一章迴圈設計的概念，進一步批次取得多個年度的財務報表，因為如此取得的內容，會有重覆資料的問題，所以最後再利用複製貼上的程式碼，自動將資料整理成符合需要的格式。

1 首先要知道所需的表格在整個網頁的次序。有3個方法，第一是直接看網頁，但有時不太確定哪些是表格屬性；第二是上一節在取得網頁資料時，透過Excel仔

細數看看所選取表格屬於第幾個；第三是最正式的，直接在Chrome瀏覽器滑鼠右鍵「檢查網頁原始碼」，再用Find指令將表格找出來，如圖所示。

2 編寫VBA程式碼如下，「QueryTables」的方法前面章節介紹很多，於此不贅述。這裡較為特別的屬性是「.WebSelectionType = xlSpecifiedTables」，表示選取特定的表格，「.WebTables = "3"」指選取整個網頁中的第三個表格。

列號	V B A 程 式 碼
10	Sub DownloadWeb_IS()
20	Application.CutCopyMode = False
30	With ActiveSheet.QueryTables.Add _
40	(Connection:= _
50	"URL;http://mops.twse.com.tw/server-java/t164sb01?step=1&CO_ID=2002&SYEAR=2016&SSEASON=4&REPORT_ID=C", _
60	Destination:=Range("$A$1"))
70	.WebSelectionType = xlSpecifiedTables
80	.WebTables = "3"
90	.Refresh BackgroundQuery:=False
100	End With
110	
120	End Sub

3 執行結果如圖所示，只下載損益表的部分。

A2		:	×	✓	*fx*	綜合損益表	

	A	B	C
1	會計項目	2016年度	2015年度
2	綜合損益表		
3	營業收入		
4	營業收入合計	293,055,804	285,053,876
5	營業成本		
6	營業成本合計	253,332,496	263,652,456
7	營業毛利（毛損）	39,723,308	21,401,420
8	未實現銷貨（損）益	0	89
9	營業毛利（毛損）淨額	39,723,308	21,401,331

4 設置迴圈，以Year作為迴圈變數，因為2013年上市櫃公司開始採用IFRS，2012以前並無資料，變數值設定為從2013到2016。然後和本書其他章節範例相同，引用WebAddress、DesCell作網址變數及儲存格參照變數，最後將工作表的欄 統一為15：「Columns().ColumnWidth = 15」

列號	V B A 程 式 碼
10	Sub IncomeStatements()
20	
30	Dim Year As Integer, WebAddress, DesCell As String
40	
50	For Year = 2013 To 2016
60	WebAddress = _
70	"URL;http://mops.twse.com.tw/server-java/t164sb01?step=1&CO_ID=2002&SYEAR=" & Year & "&SSEASON=4&REPORT_ID=C"
80	DesCell = Cells(1, 1 + (Year - 2013) * 3).Address
90	With ActiveSheet.QueryTables.Add(Connection:=WebAddress, Destination:=Range(DesCell))
100	.WebSelectionType = xlSpecifiedTables
110	.WebTables = "3"
120	.Refresh BackgroundQuery:=False
130	End With
140	Next Year
150	
160	Columns().ColumnWidth = 15
170	
180	End Sub

5 執行巨集「IncomeStatements」，成功一次下載3個年度的損益表，然而損益表項目欄和前一年度資料會有重覆。

會計項目 綜合損益表	01日至2013	01日至2012	會計項目 綜合損益表	2014年度	2013年度	會計項目 綜合損益表	2015年度	2014年度	會計項目 綜合損益表	2016年度	2015年度
營業收入			營業收入			營業收入			營業收入		
營業收入合計	347,828,838	358,336,500	營業收入合計	366,510,697	347,828,838	營業收入合計	285,053,876	366,510,697	營業收入合計	293,055,804	285,053,876
營業成本			營業成本			營業成本			營業成本		
營業成本合計	310,548,923	338,990,574	營業成本合計	322,622,227	310,548,923	營業成本合計	263,652,456	322,615,562	營業成本合計	253,332,496	263,652,456
營業毛利（毛損	37,279,915	19,345,926	營業毛利（毛損	43,888,470	37,279,915	營業毛利（毛損	21,401,420	43,895,135	營業毛利（毛損	39,723,308	21,401,420
已實現銷貨（損	404,495	31,236	已實現銷貨（損	0	404,495	未實現銷貨（損	89	0	未實現銷貨（損	0	89
營業毛利（毛損	37,684,410	19,377,162	營業毛利（毛損	43,888,470	37,684,410	營業毛利（毛損	21,401,331	43,895,135	營業毛利（毛損	39,723,308	21,401,331
營業費用			營業費用			營業費用			營業費用		
推銷費用			推銷費用			推銷費用			推銷費用		
推銷費用合計	4,992,404	4,582,645	推銷費用合計	4,899,826	4,992,404	推銷費用合計	4,649,447	4,898,797	推銷費用合計	4,950,440	4,649,447
管理費用			管理費用			管理費用			管理費用		
管理費用合計	6,286,297	5,117,423	管理費用合計	7,181,277	6,286,297	管理費用合計	6,676,319	7,218,369	管理費用合計	7,165,255	6,676,319
研究發展費用			研究發展費用			研究發展費用			研究發展費用		
研究發展費用	1,852,759	1,683,449	研究發展費用	2,015,836	1,852,759	研究發展費用	1,960,034	2,015,820	研究發展費用	2,175,992	1,960,034
營業費用合計	13,131,460	11,383,517	營業費用合計	14,096,939	13,131,460	營業費用合計	13,285,800	14,132,986	營業費用合計	14,291,687	13,285,800
營業利益（損失	24,552,950	7,993,645	營業利益（損失	29,791,531	24,552,950	營業利益（損失	8,115,531	29,762,149	營業利益（損失	25,431,621	8,115,531
營業外收入及支出			營業外收入及支出			營業外收入及支出			營業外收入及支出		
其他收入			其他收入			其他收入			其他收入		
其他收入合計	1,618,710	1,749,663	其他收入合計	2,420,784	1,618,710	其他收入合計	1,759,579	2,420,780	其他收入合計	1,471,380	1,759,579
其他利益及損失			其他利益及損失			其他利益及損失			其他利益及損失		
其他利益及損	-258,031	1,013,975	其他利益及損	-454,241	-258,031	其他利益及損	3,179,750	-454,241	其他利益及損	-523,311	3,179,750
財務成本			財務成本			財務成本			財務成本		
財務成本淨額	2,985,370	2,790,260	財務成本淨額	3,787,776	2,985,370	財務成本淨額	3,752,097	3,787,776	財務成本淨額	3,816,641	3,752,097
採用權益法之關聯企業及合資損益之份額			採用權益法之關聯企業及合資損益之份額			採用權益法之關聯企業及合資損益之份額			採用權益法之關聯企業及合資損益之份額		
採用權益法認	280,793	-228,083	採用權益法認	605,936	280,793	採用權益法認	202,847	605,936	採用權益法認	-663,882	202,847
營業外收入及	-1,343,898	-254,705	營業外收入及	-1,215,297	-1,343,898	營業外收入及	1,390,079	-1,215,301	營業外收入及	-3,532,454	1,390,079
繼續營業單位稅	23,209,052	7,738,940	繼續營業單位稅	28,576,234	23,209,052	繼續營業單位稅	9,505,610	28,546,848	繼續營業單位稅	21,899,167	9,505,610

6 為解決重覆問題，另外編寫整理格式的程式碼。

列號	V B A 程 式 碼
10	Sub Copy_IS()
20	
30	Cells.UnMerge
40	Cells(1, 1).EntireColumn.Copy Sheets("七").Cells(1, 1).EntireColumn
50	
60	For i = 1 To 4
70	Cells(1, 2 + 3 * (i - 1)).EntireColumn.Copy Sheets("七").Cells(1, 2 + (i - 1)).EntireColumn
80	Sheets("七").Cells(1, i + 1).Value = 2012 + i
90	Next i
100	
110	Sheets("七").Select
120	Columns().ColumnWidth = 12: Columns("A").ColumnWidth = 18
130	
140	End Sub

Cells.UnMerge

為方便複製，首先將工作表所有儲存格取消合併。

Cells(1, 1).EntireColumn.Copy Sheets("七").Cells(1, 1).EntireColumn

第一欄為損益表項目欄，只會複製一次，單獨處理，這裡程式碼用意是將目前工作表第一欄，整欄複製到工作表「七」的第一欄。

For i = 1 To 4
Cells(1, 2 + 3 * (i - 1)).EntireColumn.Copy Sheets("七").Cells(1, 2 + (i - 1)).EntireColumn
Sheets("七").Cells(1, i + 1).Value = 2012 + i
Next i

設置迴圈，以i=1為例，將原工作表第二欄，複製到工作表「七」的第二欄，接著於工作表「七」儲存格(1,B)輸入2013（2012+1），讀者有興趣可自行預想當i=2、3、4時，程式會如何執行，便能理解這裡程式設計的用意。

Sheets("七").Select
Columns().ColumnWidth = 12: Columns("A").ColumnWidth = 18

設置工作表「七」的格式，先將所有欄寬定為12，再單獨將A欄的欄 定為18，Select類似於滑鼠右鍵的動作，表示以工作表「七」作為目前工作表，「:」並無程式意義，只是單純將兩行程式碼合併於一行。

---

7 執行結果,非常完美!

▲	A	B	C	D	E
1	會計項目	2013	2014	2015	2016
2	綜合損益表				
3	營業收入				
4	營業收入合計	347,828,838	366,510,697	285,053,876	293,055,804
5	營業成本				
6	營業成本合計	310,548,923	322,622,227	263,652,456	253,332,496
7	營業毛利(毛損)	37,279,915	43,888,470	21,401,420	39,723,308
8	已實現銷貨(損)益	404,495	0	89	0
9	營業毛利(毛損)淨額	37,684,410	43,888,470	21,401,331	39,723,308

　　這一節等於是將前四章所累積的程式功力,一次展現在取得公開財報的實務案例上。從這個範例可以看出,單單「QueryTables」這一招就很好用了,但不同網站的結構不同,在屬性設置必須跟著變化,另外「QueryTables」也有個先天性的限制,它在取得網頁比較沒有針對性,篩選機制是表格,這個範例剛好可以利用表格選取所需要的內容,但即便如此,下載的資料仍然再經過一番刪減複製,所幸Excel在這方面原本就非常強大,即便不寫VBA程式,如果資料量不大,純Excel手工整理也不會太麻煩。

Memo ==

5-3 股票代碼清單

　　上一節成功取得單一公司3個年度的損益表，實務上，無論出於產業財務報表分析、或者是投資者比較各檔股票基本面，會針對多檔股票的損益表作比較，因此有需要同時取得多家公司的損益表資料。在這裡有個先決條件，網址上皆是股票代碼，如果要以公司名稱對應到股票代碼，有必要先取得對照清單，在這一節便介紹如何運用網頁資料，整理出符合需要的清單。

1 於「公開資訊觀測站」選擇「彙總報表」、「資訊揭露」、「每月營收」、「採用IFRSs後營業收入彙總表」、「每月營業收入彙總表」。

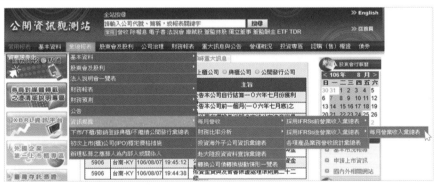

2 接著是「國內上市」、年度「106」、月分「1」、「查詢」，再按下面的「請點選這裡」。

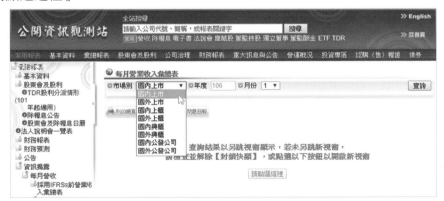

3 另跳視窗的網址：「http://mops.twse.com.tw/nas/t21/sii/t21sc03_106_1_0.html」，利用Excel下載網頁資料，幾乎如實呈現了網頁的內容。不過仍然尚有兩點事項待處理，第一項是有很多營收相關的欄位，但其實於此只需要前面兩欄「公司代碼」及「公司名稱」，另外除了有公司代碼的資料行，有許多文字行和空白行。其實也不需要。

	A	B	C	D	E	F	G	H	I	J
1	公司106年1月份(累計與當月)營業收入統計表									
4	本資料由各公司提供									
7	上市櫃公司、與櫃公司、及金管會主管之金融業自民國102年起適用IFRSs；非上市上櫃與櫃之公發公司(含金控子公司為公發公司之非金									
8	上市櫃、(興)櫃公司自96年起電子工業組分為「半導體業、電腦及週邊設備業、光電業、通信網路業、電子零組件業、電子通路業、資									
9										
10	出表日期：106/08/06									
11	產業別：水泥工業									
12			營業收入					累計營業收入		
13	公司	公司名稱	當月營收	上月營收	去年當月營收	上月比較 增減(%)	去年同月 增減(%)	當月累計營收	去年累計營收	前期比較 增減(%)
14	代號									
15	1101	台泥	6,131,670	9,418,581	6,575,590	-34.89	-6.75	6,131,670	6,575,590	-6.75
16	1102	亞泥	4,162,130	6,023,954	5,066,062	-30.9	-17.84	4,162,130	5,066,062	-17.84
17	1103	嘉泥	232,657	382,981	197,328	-39.25	17.9	232,657	197,328	17.9
1012	9955	佳龍	289,462	137,222	110,743	110.94	161.38	289,462	110,743	161.38
1013		合計	58,430,987	65,260,049	62,820,199	-10.46	-6.98	58,430,987	62,820,199	-6.98
1014										
1015	產業別：存託憑證									
1016			營業收入					累計營業收入		
1017	公司	公司名稱	當月營收	上月營收	去年當月營收	上月比較 增減(%)	去年同月 增減(%)	當月累計營收	去年累計營收	前期比較 增減(%)
1018	代號									
1019		合計	0	0	0			0	0	
1020										

4 為順利產生公司代碼清單，首先輸寫如下程式碼，重點在於瞭解「UsedRange.Rows.Count」和「TypeName」的用法。

列號	V B A 程 式 碼
10	Public Sub TypeNames()
20	
30	Dim R, i As Integer
40	R = Worksheets("三").UsedRange.Rows.Count
50	Sheets("五").Cells(1, 3).Value = R
60	
70	For i = 1 To 20
80	StockID = Worksheets("三").Cells(i, 1).Value
90	Sheets("五").Cells(i, 1).Value = TypeName(StockID)
100	Next i
110	
120	End Sub

R = Worksheets(" 三 ").UsedRange.Rows.Count
Sheets(" 五 ").Cells(1, 3).Value = R

從程式碼的英文單字顧名思義，這是計算工作表「三」內容範圍有多少
行的固定語句，並且要在工作表「五」的第一行第三欄呈現所計算出來
的「R」值。

StockID = Worksheets(" 三 ").Cells(i, 1).Value
Sheets(" 五 ").Cells(i, 1).Value = TypeName(StockID)

將工作表「三」儲存格(i, 1)的值設定為變數「StockID」，然後再將該變
數的資料型態輸入到工作表「五」儲存格Cells(i, 1)。

---

5 前20行資料，共有3種型態，「String」為文字、「Empty」空白、「Double」為數字，「C1」儲存格的「1020」代表步驟三所下載的網頁內容共有1020行，稍微垂直捲動這些資料，不難發現第一欄（A欄）的後面1020行中，和前面20行資料相同，其實總共就3種型態，而且公司代碼所屬行都是「Double」，分析出這個規律之後，接下來才能做相對應的處理。

Memo ---------------

	A	B	C
1	String		1020
2	Empty		
3	Empty		
4	String		
5	Empty		
6	Empty		
7	String		
8	String		
9	Empty		
10	String		
11	String		
12	Empty		
13	String		
14	String		
15	Double		
16	Double		
17	Double		
18	Double		
19	Double		
20	Double		

6 在步驟四的基礎上，進一步編寫程式碼，重點在加入資料型態的判斷句，並且將符合的資料複製到新工作表上。

列號	V B A 程 式 碼
10	Public Sub Stock_ID()
20	
30	Dim R, i, j As Integer
40	R = Worksheets("三").UsedRange.Rows.Count
50	
60	For i = 1 To R
70	
80	StockID = Worksheets("三").Cells(i, 1).Value
90	
100	If TypeName(StockID) = "Double" Then
110	j = j + 1
120	Sheets("三").Cells(i, 1).Copy Sheets("七").Cells(j, 1)
130	Sheets("三").Cells(i, 2).Copy Sheets("七").Cells(j, 2)
140	End If
150	
160	Next i
170	
180	End Sub

R = Worksheets(" 三 ").UsedRange.Rows.Count
For i = 1 To R

在第四章第五節「多餘資料刪除」中，介紹過「For i = 1048576 To 2 Step -1」的終極用法，它雖然能完整掃過工作表，但其實在大部分資料沒有那麼多行的情況，這樣的設計只是執行空轉，白白耗費了計算機資源，所以利用「UsedRange.Rows.Count」先自動評估有多少行資料，再設計「For i = 1 To R」精準迴圈是較為聰明的作法。

```
StockID = Worksheets(" 三 ").Cells(i, 1).Value
If TypeName(StockID) = "Double" Then
j = j + 1
Sheets(" 三 ").Cells(i, 1).Copy Sheets(" 七 ").Cells(j, 1)
Sheets(" 三 ").Cells(i, 2).Copy Sheets(" 七 ").Cells(j, 2)
End If
```

先取得工作表「三」第一欄(A欄)的內容,賦值予變數「StockID」,判斷其資料型態是否為數字「Double」,如果是的話,設置變數「j = j + 1」,等於是一個從1開始正整數的計數器,這是編寫程式的慣常用法,最後將工作表「三」符合條件的特定行,第一欄公司代碼和第二欄公司名稱複製到工作表「七」的第一欄第二欄,依照正整數「j」的順序。

7 執行結果一如預期!

		A	B
	1	1101	台泥
	2	1102	亞泥
	3	1103	嘉泥
	4	1104	環球水泥
	5	1108	幸福水泥
+	832	9941	裕融企業
	833	9942	茂順
	834	9944	新麗企業
	835	9945	潤泰創新
	836	9955	佳龍

在資料量鉅大的情況下,都會有像編碼原則和代碼對照表這一類的東西。一方面是需要將資料分門別類,才能有序整理及快速搜尋,另一方面現在所有資料都會以電子形式儲存,所以要有個合乎電子格式的識別代碼。很多時候,我們 很需要一份完整清單,方便針對資料作進一步處理,可是又沒辦直接取得這份清單,這一節所介紹的方法也許不盡完美,但應該極具參考價值。

5-4 多家公司報表

　　上一節成功取得股票代碼及公司名稱的清單,以本章宗旨而言,目的仍然是下載財務報表資料,而且最好是能批次獲得、直接儲存為Excel檔案。在上一章《Excel牌告匯率》中,是將所有批次取得的資料都放在同一張工作表上,於本章財務報表的狀況,因各家公司的損益表結構不盡相同,有個作法是將每家公司的資料分別放在不同的工作表上,在3.3介紹過如何以VBA新增工作表,當時是以Application.Inputbox參照儲存格的方法,在本質上仍然是一次一個的手工操作,在這一節介紹如何批次新增工作表,並且分別取得各家公司的財務報表:

	A	B
B2		中鋼
1	公司代碼	公司名稱
2	2002	中鋼
3	1737	臺鹽
4	2412	中華電
5	2834	臺灣企銀
6	9928	中視

1 從清單中,選擇5檔股票。

2 編寫VBA程式碼如下:

40:想利用Excel作為VBA程式的一部分,首先必須計算Excel資料的範圍,於此範例即為有多少行,「UsedRange.Rows.Count」便是執行此計算最佳的程式。

列號	V B A 程 式 碼
10	Public Sub UsedRange()
20	
30	Dim Row As Integer
40	UsedRange.Rows.Count
50	Row = Worksheets("一").UsedRange.Rows.Count
60	
70	MsgBox "資料共有" & Row & "行"
80	
90	End Sub

70:MsgBox為VBA中相當基本的函數,作用是跳出提示訊息的視窗,函數後面接的字符串是視窗中顯示的訊息文字。

3 執行巨集後，跳出來的視窗：「資料共有7行」。

4 編寫新增工作表的程式碼：

30：宣告變數。

50~60：計算工作表「一」有多少行資料，由於上一個步驟驗證過，計算結果會比實際行數多一，所以這裡設定「Row=Row-1」。

80：以變數「i」設置迴圈，參照資料有標題行，因此這裡是從「2」開始，一直到代表總共有多少行。

100~120：將「Stock」變數設定為「股票代碼-公司名稱」。

列號	V B A 程 式 碼
10	Public Sub Worksheets_Add_Stock()
20	
30	Dim Stock, Stock1, Stock2 As String, i, Row As Integer
40	
50	Row = Worksheets("一").UsedRange.Rows.Count
60	Row = Row - 1
70	
80	For i = 2 To Row
90	
100	Stock1 = Sheets("一").Cells(i, 1).Value
110	Stock2 = Sheets("一").Cells(i, 2).Value
120	Stock = Stock1 & "-" & Stock2
130	
140	ActiveWorkbook.Sheets.Add after:=Worksheets(Worksheets.Count)
150	ActiveSheet.Name = Stock
160	
170	Next i
180	
190	End Sub

140~150：新增工作表，依序以「Stock」更改新工作表的名稱。

5 執行結果，一如預期。

	A	B	C	D	E	F	G	H
1								
2								
3								
4								

2002-中鋼 | 1737-臺鹽 | 2412-中華電 | 2834-臺灣企銀 | 9928-中視

就緒

111

6 最後再添加補充程式碼如下，執行前記得先將上一步驟新增的工作表刪除，避免 VBA 提示錯誤。另外這裡的程式行雖然多，主要是 UsedRange. Rows.Count、ActiveWorkbook.Sheets.Add、ActiveSheet.QueryTables. Add 3 個 VBA 方法綜合應用，在先前皆已介紹過，於此不再多作說明。

列號	V B A 程 式 碼
10	Public Sub Stock_IS()
20	
30	Dim Stock, Stock1, Stock2 As String, i, Row As Integer
40	
50	Row = Worksheets("一").UsedRange.Rows.Count
60	Row = Row - 1
70	
80	For i = 2 To Row
90	
100	Stock1 = Sheets("一").Cells(i, 1).Value
110	Stock2 = Sheets("一").Cells(i, 2).Value
120	Stock = Stock1 & "-" & Stock2
130	
140	ActiveWorkbook.Sheets.Add after:=Worksheets(Worksheets.Count)
150	ActiveSheet.Name = Stock
160	
170	WebAddress = _
180	"URL;http://mops.twse.com.tw/server-java/t164sb01?step=1&CO_ID=" & Stock1 & "&SYEAR=2016&SSEASON=4&REPORT_ID=C"
190	DesCell = Cells(1, 1).Address
200	With ActiveSheet.QueryTables.Add(Connection:=WebAddress, Destination:=Range(DesCell))
210	.WebSelectionType = xlSpecifiedTables
220	.WebTables = "3"
230	.Refresh BackgroundQuery:=False
240	End With
250	
260	Next i
270	
280	End Sub

7 成功取得5家公司2016年度的損益表。

A1		× ✓ *fx*	會計項目		
	A	B	C	D	E
1	會計項目	2016年度	2015年度		
2	綜合損益表				
3	營業收入				
4	營業收入合計	293,055,804	285,053,876		
5	營業成本				
6	營業成本合計	253,332,496	263,652,456		
7	營業毛利（毛損）	39,723,308	21,401,420		

2002-中鋼 | 1737-臺鹽 | 2412-中華電 | 2834-臺灣企銀 | 9928-中視

　　迴圈是VBA程式碼批量取得資料最方便的工具，其特性為利用一個遞增或遞減的變數作循環，如同上一章《Excel牌告匯率》範例所示，這個特性在時間日期相關的網頁相當合適。這一章的公司代碼雖然也是數字，但為不規則不連續，沒辦法直接設置迴圈，因此改為在Excel工作表先建立清單，然後依行列順序的特性，作為VBA迴圈程式的循環對象。在設計Excel公式時，依照情況需要選擇不同函數搭配，VBA取得網頁資料時也是同樣道理，必須視網頁結構編寫不同的程式碼，這一章和上一章便是極佳例子。

Memo ==

5-5 簡易報表匯總

　　上一節介紹如何一次取得多家公司的損益表，作法是分別放在不同的工作表。實務上財務報表分析時，將不同公司不同期間放在同一張工作表，格式上適當整理，才方便作有意義的比較。雖然上一節所取得的資料，可以Excel手工彙總到一張工作表，但既然是編寫VBA，總希望一步到位，在設計程式時把所有需求考慮在內，以下具體分享：

1 想取得3家公司損益表，年度期間從2014年到2016年。

E2	▼	:	×	✓	fx	2016

▲	A	B	C	D	E
1	公司代碼	公司名稱		開始年度	2014
2	2002	中鋼		截止年度	2016
3	1737	臺鹽			
4	2412	中華電			

Memo ==

2 編寫VBA程式碼如下：

列號	V B A 程 式 碼
10	Public Sub Stock_Year_IS()
20	
30	ActiveWorkbook.Sheets.Add after:=Worksheets(Worksheets.Count)
40	ActiveSheet.Name = "Income Statement"
50	
60	Dim Stock1, Stock2, DesCell As String, i, j, n, R, Year As Integer
70	
80	Row = Worksheets("一").UsedRange.Rows.Count
90	Row = Row - 1
100	Year1 = Sheets("一").Cells(1, 5).Value
110	Year2 = Sheets("一").Cells(2, 5).Value
120	
130	For i = 2 To Row
140	Stock1 = Sheets("一").Cells(i, 1).Value
150	Stock2 = Sheets("一").Cells(i, 2).Value
160	
170	For j = Year1 To Year2
180	
190	Year = CStr(j)
200	n = n + 1
210	WebAddress = _
220	"URL;http://mops.twse.com.tw/server-java/t164sb01?step=1&CO_ID=" & Stock1 & "&SYEAR=" & Year & "&SSEASON=4&REPORT_ID=C"
230	DesCell = Cells(2, 1 + (3 * (n - 1))).Address
240	Range(Cells(1, 1 + (3 * (n - 1))), Cells(1, 3 * n)).Value = Stock2
250	
260	With ActiveSheet.QueryTables.Add(Connection:=WebAddress, Destination:=Range(DesCell))
270	.WebSelectionType = xlSpecifiedTables
280	.WebTables = "3"
290	.Refresh BackgroundQuery:=False
300	End With
310	
320	Next j
330	
340	Next i
350	
360	End Sub

10：建立一個巨集程序「Stock_Year_IS」，「Public」的意思是該程序是被其他模組呼叫，例如像「Call」引用；

30~40：新增工作表「Income Statement」；

60：宣告變數；

80~90：計算清單共有多少行；

100~110：將開始年度設定為「Year1」、截止年度設定為「Year2」；

130~150：設置3家公司的迴圈「i」，將公司代碼設定為「Stock1」、公司名稱設定為「Stock2」；

170：設置3個年度的迴圈「j」；

190：將年度「j」從數值轉換成文字「Year」；

200：此為程式編寫的習慣用法，「n=n+1」等於是一個計數器，每循環一次迴圈就加1；

210~240： 先設定取得網頁資料的參數，以「Stock1」作為公司代碼、「Year」作為年度，同時以計數器「n」適當決定每次下載的儲存格位置「DesCell」、並且以第一行作為公司名稱「Stock2」的標題行；

260~300：本書一直使用的「QueryTables.Add」方法；

320~360：執行下一個循環，最後結束程序「Stock_Year_IS」。

Memo

3 執行結果如圖所示，一家公司一個年度是3欄資料，有3家公司3個年度，所以從A欄到AA欄總共27欄。綠色部分是大類的損益項目，從圖片可以看出來，不同公司損益表結構不一樣，同樣的「營業利益（損失）」在不同公司不同行，其實以先前第二節「多期損益報表」的範例而言，同一家不同年度因為狀況不同，也有可能損益表結構不盡相同。

	中鋼	中鋼	中鋼	臺鹽	臺鹽	臺鹽	中華電	中華電	中華電
1	會計項目	2014年度	2013年度	會計項目	2015年度	2014年度	會計項目	2016年度	2015年度
3	綜合損益表			綜合損益表			綜合損益表		
4	營業收入			營業收入			營業收入		
5	營業收入合計	366,510,697	347,828,838	營業收入合計	2,761,204	2,597,177	營業收入合計	229,991,428	231,795,104
6	營業成本			營業成本			營業成本		
7	營業成本合計	322,622,227	310,548,923	營業成本合計	1,718,895	1,680,388	營業成本合計	147,551,794	148,126,213
8	營業毛利（毛損）	43,888,470	37,279,915	營業毛利（毛損）	1,042,309	916,789	營業毛利（毛損）	82,439,634	83,668,891
9	已實現銷貨（損）益	0	404,495	營業毛利（毛損）淨額	1,042,309	916,789	營業毛利（毛損）淨額	82,439,634	83,668,891
16				研究發展費用合計	54,112	56,706	研究發展費用合計	3,784,905	3,616,778
17	研究發展費用合計	2,015,836	1,852,759	營業費用合計	733,013	751,826	營業費用合計	33,837,707	33,202,447
18	營業費用合計	14,096,939	13,131,460	營業利益（損失）	309,296	164,963	其他收益及費損淨額		
19	營業利益（損失）	29,791,531	24,552,950	營業外收入及支出			其他收益及費損淨額	-496,649	-105,106
20	營業外收入及支出合計			其他收入			營業利益（損失）	48,105,278	50,361,338
21	其他收入			其他收入合計	91,300	79,020	營業外收入及支出		
27	採用權益法之關聯企業及合資損益之份額				-2,812	0	其他利益及損失		
28	採用權益法認列之關聯企	605,936	280,793	營業外收入及支出合計	10,042	80,795	其他利益及損失淨額	-446,540	-224,209
29	營業外收入及支出合計	-1,215,297	-1,343,898	繼續營業單位稅前淨利（	319,338	245,758	財務成本		
30	繼續營業單位稅前淨利（	28,576,234	23,209,052	所得稅費用（利益）			利息費用	19,808	33,144
31	所得稅費用（利益）			所得稅費用（利益）合計	50,408	31,289	財務成本淨額	19,808	33,144
32	所得稅費用（利益）合計	4,378,958	4,854,585	繼續營業單位本期淨利（	268,930	214,469	採用權益法認列之關聯企業及合資損益之份額		
33	繼續營業單位本期淨利（	24,197,276	18,354,467	本期淨利（淨損）	268,930	214,469	採用權益法認列之關聯	482,660	907,988
34	本期淨利（淨損）	24,197,276	18,354,467	其他綜合損益（淨額）			營業外收入及支出合計	1,277,269	1,606,875
35	其他綜合損益（淨額）			不重分類至損益之項目			繼續營業單位稅前淨利（	49,382,547	51,968,213

4 通常財務報表的比較不用到很細，如圖所示只需到大項目即可。

	A	B
1	**公司**	**中鋼**
2	**年度**	**2014年度**
3	營業收入合計	366,510,697
4	營業成本合計	322,622,227
5	營業毛利（毛損）	43,888,470
6	營業費用合計	14,096,939
7	營業利益（損失）	29,791,531
8	營業外收入及支出合計	(1,215,297)
9	所得稅費用（利益）合計	4,378,958
10	本期淨利（淨損）	24,197,276

5 縮寫程式碼如下。

10	Public Sub Simple_IS()
20	
30	Row = Worksheets("Income Statement").UsedRange.Rows.Count
40	Column = Worksheets("Income Statement").UsedRange.Columns.Count
50	Column = Column / 3
60	
70	For i = 1 To Column
80	Name1 = Sheets("Income Statement").Cells(1, 2 + 3 * (i – 1)).Value
90	Name2 = Sheets("Income Statement").Cells(2, 2 + 3 * (i – 1)).Value
100	Sheets("六").Cells(1, i + 1).Value = Name1
110	Sheets("六").Cells(2, i + 1).Value = Name2
120	
130	For j = 3 To 10
140	Item = Sheets("六").Cells(j, 1).Value
150	
160	For k = 1 To Row
170	If Sheets("Income Statement").Cells(k, 1 + 3 * (i – 1)).Value = Item Then
180	Sheets("六").Cells(j, i + 1).Value = Sheets("Income Statement").Cells(k, 2 + 3 * (i – 1)).Value
190	End If
200	
210	Next k
220	Next j
230	Next i
240	
250	End Sub

30~50：先利用「UsedRange.Columns.Count」方法計算出有多少行及多少欄，如同步驟三所述，共有27欄。因為每次報表有3欄，「Column = Column / 3」得到總共有多少組報表。

70~110：有「i」組報表、設計迴圈「i」，先將每組報表的公司代碼及公司名稱複製到工作表「六」。

130~230：設計「j」「k」3個迴圈，「j」代表想要擷取的損益項目、「k」代表損益表總共有多少行，配合迴圈「i」，效果等同於Excel的Vlookup查找函數，只要順著3個迴圈的設定試著跑一兩次，應該能理解「i」、「j」、「k」如同Vlookup公式中的3個參數，這裡是用VBA程式碼把Vlookup實際執行過程編寫出來。

6 執行結果，成功彙總出簡易損益表，每家公司各個年度一覽無遺。

	公司	中鋼	中鋼	中鋼	壹傳	壹傳	壹傳	中華電	中華電	中華電
	年度	2014年度	2015年度	2016年度	2014年度	2015年度	2016年度	2014年度	2015年度	2016年度
3	營業收入合計	366,510,697	285,053,876	293,055,804	2,597,177	2,761,204	2,755,185	226,608,686	231,795,104	229,991,428
4	營業成本合計	322,622,227	263,652,456	253,332,496	1,680,388	1,718,895	1,606,345	148,379,560	148,126,213	147,551,794
5	營業毛利（毛損）	43,888,470	21,401,420	39,723,308	916,789	1,042,309	1,148,840	78,229,126	83,668,891	82,439,634
6	營業費用合計	14,096,939	13,285,800	14,291,687	751,826	733,013	739,017	34,057,883	33,202,447	33,837,707
7	營業利益（損失）	29,791,531	8,115,531	25,431,621	164,963	309,296	409,823	44,801,808	50,361,338	48,105,278
8	營業外收入及支出合計	(1,215,297)	1,390,079	(3,532,454)	80,795	10,042	4,996	1,757,330	1,606,875	1,277,269
9	所得稅費用（利益）合計	4,378,958	1,886,191	2,711,843	31,289	50,408	62,852	7,393,460	8,303,868	8,152,562
10	本期淨利（淨損）	24,197,276	7,619,419	19,187,324	214,469	268,930	351,967	39,165,678	43,664,345	41,229,985

7 每家公司規模不同，各個損益項目直接比較，並不具有分析意義。實務作法是計算財務比率，例如毛利率、營業利益率、淨利率，這些在上一步驟的基礎上，很容易整理出來。

	公司	中鋼	中鋼	中鋼	壹傳	壹傳	壹傳	中華電	中華電	中華電
1	年度	2014年度	2015年度	2016年度	2014年度	2015年度	2016年度	2014年度	2015年度	2016年度
3	營業收入	366,510,697	285,053,876	293,055,804	2,597,177	2,761,204	2,755,185	226,608,686	231,795,104	229,991,428
4	營業成本	322,622,227	263,652,456	253,332,496	1,680,388	1,718,895	1,606,345	148,379,560	148,126,213	147,551,794
5	營業毛利	43,888,470	21,401,420	39,723,308	916,789	1,042,309	1,148,840	78,229,126	83,668,891	82,439,634
6	毛利率	12%	8%	14%	35%	38%	42%	35%	36%	36%
7	營業費用	14,096,939	13,285,800	14,291,687	751,826	733,013	739,017	34,057,883	33,202,447	33,837,707
8	營業利益	29,791,531	8,115,531	25,431,621	164,963	309,296	409,823	44,801,808	50,361,338	48,105,278
9	營業利益率	8%	3%	9%	6%	11%	15%	20%	22%	21%
10	營業外收支	(1,215,297)	1,390,079	(3,532,454)	80,795	10,042	4,996	1,757,330	1,606,875	1,277,269
11	所得稅費用	4,378,958	1,886,191	2,711,843	31,289	50,408	62,852	7,393,460	8,303,868	8,152,562
12	本期淨利	24,197,276	7,619,419	19,187,324	214,469	268,930	351,967	39,165,678	43,664,345	41,229,985
13	淨利率	7%	3%	7%	8%	10%	13%	17%	19%	18%

　　這一節範例是3家公司3個年度的損益表，只要迴圈設定再修改一下，便可以取得更多家公司、更多年度的報表，這是VBA迴圈方便的地方。另外這一節也介紹如何利用迴圈實現Vlookup函數功能，這樣做可以把熟悉的Excel函數內化成VBA程式碼的一部分，重點是將函數作用以VBA形式編寫，其實不限於Vlookup函數，其他熟悉的Excel函數皆能如法泡製，待有適當範例再作介紹。

Chapter 6 Excel 稅務新聞

如何檢視網頁原始碼，讓你深入資料核心

　　所謂的網頁，技術上是遠端有另一台電腦（計算機服務器），透過網際網路傳過來標準規範文件（HTML 編碼檔案），然後本機電腦上的瀏覽器予以解譯，以文字（可能外掛影音檔）方式呈現在使用者眼前。所以每個網頁本質上皆是一個特定格式的文字檔案。如果要在取得網頁更加順利，勢必得具備網頁的基礎知識，這一章說明如何解析及利用網頁原始碼，讓大數據的分析更為順利。

6-1 網頁原始代碼

1 新竹市稅務局的「稅務新聞」：「https://www.hcct.gov.tw/ch/home.jsp?id=19&parentpath=0,2&mcustomize=taxnews_view.jsp&dataserno=201709300001&t=TaxNews&mserno=201509250005」。

2 首先利用第一章所學，Excel最原始的取得網頁資料方法：「資料」、「從Web」，開啟網頁之後「匯入」。

3 取得的網頁資料如圖所示，這個方法會匯入網頁上所有可見文字，但其實所需要的只是標黃色部分，亦即儲存格A478及A479。

4 以Chrome瀏覽器在這個網頁上滑鼠右鍵：「檢視網頁原始碼」。

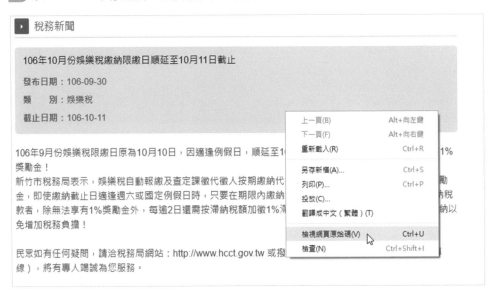

5 以網頁原始碼來看，網頁上的正文新聞稿，在HTML文件裡是一個div
（division區塊），其分類名稱為「main-a_03」。。

```
3645            <div class="ap02_01">106年10月份娛樂稅繳納限繳日順延至10月11日截止</div>
3646            <div class="ap02_02">
3647              <ul>
3648                <li><strong>發布日期</strong>：106-09-30</li>
3649                <li><strong>類    別</strong>：娛樂稅</li>
3650
3651                <li><strong>截止日期</strong>：106-10-11</li>
3652
3653              </ul>
3654            </div>
3655          </li>
3656        </ul>
3657      </div>
3658
3659          <div class="ap01_03"><div class="zbox">
3660 <div class="main-a_01">
3661 <div class="main-a_03">106年9月份娛樂稅限繳日原為10月10日，因適逢例假日，順延至10月11日截止，代徵人於當日繳納仍有1%獎勵金！<br />
3662 新竹市稅務局表示，娛樂稅自動報繳及查定課徵代徵人按期繳納代徵之稅款，均可享有代徵稅額1%的獎勵金，即使繳納截止日適逢週六或國定例假日時，
加稅務負擔！<br />
3663 <br />
3664 民眾如有任何疑問，請洽稅務局網站：http://www.hcct.gov.tw 或撥0800-086969轉0、1999（市民服務專線），將有專人竭誠為您服務。</div>
3665 </div>
3666 </div>
3667 </div>
```

6 編寫VBA程式碼如下，由於「CreateObject("InternetExplorer. Application")」是這一章的重點，在此先不多作說明，留待下一節。

列號	V B A 程 式 碼
10	Sub Tax_Html()
20	Dim ie, doc, news, Aricles
30	Set ie = CreateObject("InternetExplorer.Application")
40	With ie
50	.Visible = False
60	.navigate "https://www.hcct.gov.tw/ch/home.jsp?id=19&parentpath=0,2&mcustomize=taxnews_view.jsp&dataserno=201709300001&t=TaxNews&mserno=201509250005"
70	Do Until .ReadyState = 4
80	DoEvents
90	Loop
100	Set doc = .Document
110	Set news = doc.getElementsByClassName("main-a_03")(0)
120	Articles = news.outerhtml
130	Cells(1, 1).Value = Articles
140	End With
150	
160	End Sub

7 執行結果如圖所示，等於將第五步驟的網頁原始碼下載到Excel，非常神奇吧！

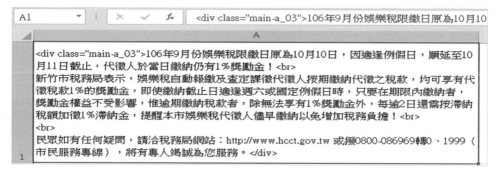

8 最後特別提醒，VBA不像Excel，有時候出現錯誤提示很難確定原因，在這裡作者就曾經遇到過困難，中斷提示為「執行階段錯誤'91'：沒有設定物件變數或With區塊變數」，怎麼看都不知道到底程式碼哪裡有瑕疵，經過幾次腦袋短路之後，才確定是無法連上網路，VBA無法完成任務，所以報錯，經驗之談供讀者參考。

這節範例有兩個重點，其一，網頁上的某個特定對象，是原始網頁文件中的某一個段落，以專業術語來說，是HTML（HyperText Markup Language）中的一個節點（node），例如這裡的稅務新聞正文，是網頁中一個分類名稱為「main-a_03」的節點。其二，本書到上一章為止，都是以「QueryTables.Add」方法取得網頁資料，這是Excel內置的指令，相當方便，但是有先天上的侷限性，因此會於往後章節詳細介紹另一種VBA方法：「CreateObject("InternetExplorer.Application")」。

Memo ==

6-2 特定網頁元素

「CreateObject("InternetExplorer.Application")」 和「QueryTables. Add」雖然都可以取得網頁資料，但在本質上是不太一樣的工具。「QueryTables.Add」是Excel基於便利性特地為使用者設計的一個制式化指令，和諸如「篩選」、「樞紐分析表」等Excel指令是同一類的東西。「CreateObject("InternetExplorer.Application")」在本質上是一個獨立的應用程式，是微軟所開發的IE網頁瀏覽器，和Excel剛好都是微軟所開發，有高度共通性，所以在Excel需要取得網頁資料、或者是更廣義想要其他電腦應用程式互動時，可以透過VBA 創建對象「CreateObject」的方法，等於是開外掛將其他應用程式打開，方便Excel完成跨應用程式的工作任務，再以具體範例作說明：

1 在VBA編輯環境中，指令列選擇「工具」頁籤，再選擇「設定引用項目」。

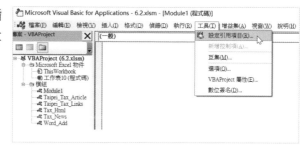

2 在跳出來的視窗勾選「Microsoft HTML Object Library」及「Microsoft Internet Controls」，然後按「確定」。

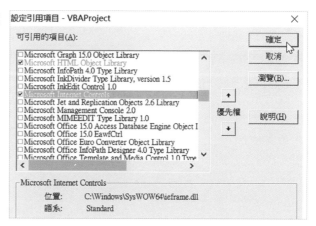

3 有心想進一步鑽研相關知識，可在指令列選擇「檢視」、「瀏覽物件」，或者按快速鍵「F2」，便會跳出物件圖書館，這裡有目前VBA所有可用物件的清單和說明。在像VBA這樣的程式語言中，基本元素有四類：物件、屬性、事件、方法。以熟悉的Excel操作為例，儲存格是一個較底層的物件，它是隸屬於工作表、活頁簿等物件集合之中，儲存格格式是該物件的屬性，點選這個儲存格是一個事件，複製這個儲存格是一個方法（狹義的操作）。然後在VBA語法中，基本的結構有兩種：「物件．方法」、「物件．屬性＝值」。其實Excel操作和VBA語法是表裡的一體兩面，在本書中有這麼多的VBA範例，只要想想它在Excel是如何操作的，應該對於此程式的表裡兩面會有深切領悟。最後，以圖片所示為例，「InternetExplorer」是一個物件，亦即IE瀏覽器應用程式，Visible是該應用的一個屬性，可以看到下面說明：「Determines whether the application is visible or hidden.」，意思為是否顯示此物件。關於此物件及屬性，稍後以範例說明會更加清楚。

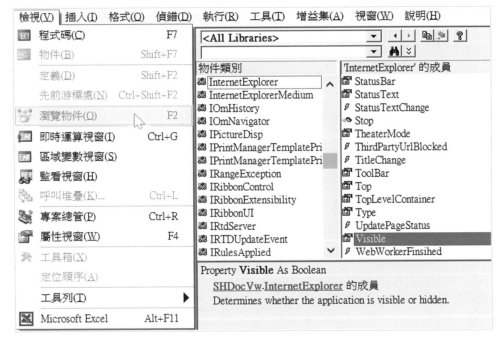

126

4 編寫 VBA 程式碼如下：

列號	Ｖ　Ｂ　Ａ　程　式　碼
10	Sub Tax_Html_Text()
20	Dim ie As InternetExplorer
30	Dim doc, news, Articles
40	Set ie = CreateObject("InternetExplorer.Application")
50	With ie
60	.Visible = True
70	.navigate "https://www.hcct.gov.tw/ch/home.jsp?id=19&parentpath=0,2&mcustomize=taxnews_view.jsp&dataserno=201709300001&t=TaxNews&mserno=201509250005"
80	Do Until .ReadyState = 4
90	DoEvents
100	Loop
110	Set doc = .Document
120	Set news = doc.getElementsByClassName("ap01_02")(0)
130	Let Articles1 = news.outerhtml
140	Let Articles2 = news.innerhtml
150	Let Articles3 = news.outerText
160	Let Articles4 = news.innerText
170	Let Cells(2, 2).Value = Articles1
180	Let Cells(3, 2).Value = Articles2
190	Let Cells(4, 2).Value = Articles3
200	Let Cells(5, 2).Value = Articles4
210	End With
220	End Sub

10：建立名稱為「Tax_Html_Text」的巨集程序

20：宣告名稱為「ie」為「InternetExplorer」的物件

30：宣告doc、news、Articles 等物件

40：建立名稱為「ie」的IE瀏覽器應用程式物件

50：建立一個對象為「ie」的區塊，在「with…End With」之間該對象的屬

性及方法可用「.」替代，方便於指定對象執行一連串的程式陳述句，毋須在每一行重覆指定對象，如此不僅簡約程式碼，同時因為減少VBA讀取對象的次數，節省了有限的電腦計算資源。

60：設定此物件的「Visible」屬性為「True」，如同步驟3所述，作用是可以看到VBA外掛的物件運作，亦即IE瀏覽器。

70：設定瀏覽網址。

80～100：這是在執行預計時間較長程式的慣用語句，意思是在網頁下載完成前，暫時將系統操作權交還給使用者，避免VBA一直在下載網頁，中間完全無法作其他操作。「Do…Until…Loop」是一個直到某條件為止的循環程式語句，英文涵義應該不難理解，以後有適當範例再多作介紹。

110：將瀏覽器所取得的網頁HTML文件設定為「doc」。

120：搜尋網頁文件「doc」裡，類別名稱為「list-group-item」的節點集合，並且集合中的第二個設定為「news」（在HTML集合中，第一個出現的為「(0)」，第二個為「(1)，依此類推）。

130～160：分別將把「news.outerhtml」、「news.innerhtml」、「news.outerText」、「news.innerText」指定給普通變數「Articles1」、「Articles2」、「Articles3」、「Articles4」。關於這4個屬性，稍後以實際得到結果說明會更加清楚。這裡的「Let」和上一行程式的「Set」同樣皆為定義變數，不過「Let」定義的對象為普通變數，幾乎都會省略，「Set」定義的對象為物件變數，不可省略。

170～200：將「Articles1」、「Articles2」、「Articles3」、「Articles4」這4個變數值輸出於指定的儲存格。

210：結束with區塊。

220：結束「Tax_Html_Text」程序。

5 首先會跳出一個IE視窗，等於是VBA外掛產生一個相聯結的瀏覽器物件，由於設定了此物件的「Visible」屬性為「True」，不但可以看到這個物件，還能像一般網頁般操作，它就是個真正的IE視窗，只不過因為是由VBA所產生，其網頁資料可以再匯回來給VBA。

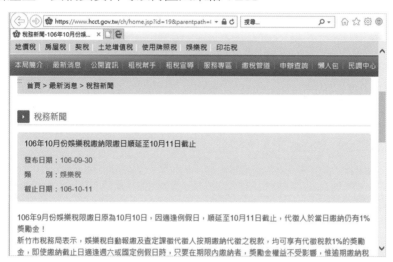

6 所取得資料經過格式調整，如下圖所示，經過這麼實際操作，應該能理解「Outerhtml」、「Innerhtml」、「OuterText」、「InnerText」的差別，outer與inner的差別在於是否包含設定對象的標籤本身，於此範例便是<div class="ap01_02">及</div>，Html表示包含非網頁項內容的HTML標籤，Text代表僅有網頁所顯現出來的內容文字。

B3	▼ : × ✓ *fx*	<ul><li> 稅務新聞</li></ul>
	A	**B**
1	**類別**	**文本**
2	Outerhtml	<div class="ap01_02"><ul><li> 稅務新聞</li></ul></div>
3	Innerhtml	<ul><li> 稅務新聞</li></ul>
4	OuterText	稅務新聞
5	InnerText	稅務新聞

7 這一節範例第120行代碼：Set news = doc.getElementsByClassName("ap01_02")(0)，代表取得某特定分類名稱的網頁內容，在HTML裡的專業術語叫標籤（Tag）及元素（elements），一段網頁內容是一個對象，由前後標籤包含的一個元素，上個步驟便是由標籤「<div>」及「</div>」所包含元素，網頁所呈現的內容為「稅務新聞」，標籤則是告訴瀏覽器該內容要如何呈現。可想而知，一個完整豐富的網頁會有許多元素，這些元素由上到下會構成一個樹狀圖般的結構，稱之為DOM (Document Object Model)，除了以分類名稱指定特定對象，VBA還提供了許多方法，詳見下表。

對象	描述
Document	整個 HTML 文件
Anchors	代表 <a> 元素集合
Body	代表 <body> 元素
Forms	代表 <form> 元素集合
Frames	代表 <frame> 元素或<iframe> 元素集合
Images	代表 <img> 元素集合
Links	代表 <link> 元素集合
Options	代表 <option> 元素集合（select元素裡面可以直接使用）
Cells	代表 <td> 元素集合（table元素裡面可以直接使用）
Rows	代表 <tr> 元素集合（table元素裡面可以直接使用）
All	物件集合，提供對文檔中所有 HTML 元素的訪問。

　　HTML本身是一門很值得研讀的學問，內容不會很艱深，所涉及到的是現代人每天都會接觸的網頁對象，讀者有興趣的話，網路上有相當多的說明文件。在這裡以VBA取得網頁資料而言，通常要取得的對象都是非常明確，例如這節範例的稅務新聞，於此情形下，使用Chrome瀏覽器的「檢視網頁原始碼」功能，適當以F4搜尋，再搭配getElementsByClassName、getElementById 、getElementsByTagName 、getElementsByName等及第七個步驟補充方法，應該都可以順利取得所需要的資料。

6-3 另存 Word 文件

上一節介紹如何以Excel取得網站的稅務新聞文章,雖然也可以直接使用,不過Excel畢竟是個試算表軟體,如果是要閱讀或者進一步作其他文書處理,那麼勢必得調出Office套件裡面的Word才是王道,以下具體說明如何用VBA,將Excel所取得的文章資料自動另存為Word文字:

1 引用本章6-1的VBA程式碼,建立一個「Tax_Articles」程序巨集,將原來的第120列改成「Articles = news.innerText」,如同上一節對於「innerText」的分析,這裡用意是純粹取得網頁文字即可。

列號	V B A 程 式 碼
10	Sub Tax_Articles()
20	Dim ie, doc, news, Aricles
30	Set ie = CreateObject("InternetExplorer.Application")
40	With ie
50	.Visible = False
60	.navigate "https://www.hcct.gov.tw/ch/home.jsp?id=19&parentpath=0,2&mcustomize=taxnews_view.jsp&dataserno=201709300001&t=TaxNews&mserno=201509250005"
70	Do Until .ReadyState = 4
80	DoEvents
90	Loop
100	Set doc = .Document
110	Set news = doc.getElementsByClassName("main-a_03")(0)
120	Articles = news.innerText
130	Cells(1, 1).Value = Articles
140	End With
150	
160	End Sub

2 結果如同預期,取得單純的稅務新聞,輸入於Excel「A1」儲存格,但其實Excel並不適合閱讀及處理大量的文字。

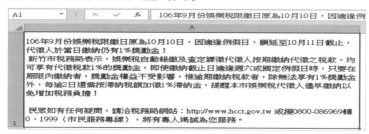

3 編寫VBA程式碼，如同程序名稱「Word_Add」，在這裡要透過Excel VBA下達命令，新增一個Word文件！

列號	V B A 程 式 碼
10	Sub Word_Add()
20	Dim wordadd As Object
30	Set wordadd = CreateObject("word.application")
40	With wordadd
50	.documents.Add
60	.ActiveDocument.SaveAs Filename:=ThisWorkbook.Path & "\" & "6.3 另存Word文件.docx"
70	End With
80	wordadd.Quit
90	Set wordadd = Nothing
100	End Sub

10：建立程序；

20：宣告物件變量，名稱為「wordadd」；

30：建立名稱為「wordadd」的Word文書處理軟體物件；

40～70：操作上一列程式所建立的Word物件，新增一個Word文件，命名為「6.3 另存Word文件」，儲存於和目前Excel檔案相同路徑；

80：關閉這個新增且已儲存的Word檔案；

90：釋放物件變量「wordadd」，用意是不再佔用記憶體資源，在外掛其他應用程式時，最好養成釋放物件的習慣，因為記憶體資源相當有限；

100：結束程序。

4 果然新增了一個 Word 文件。

5 開啟剛剛新增的文件，發現空空如也。

6 在第三個步驟的基礎上，修改並添加 VBA 程式碼：

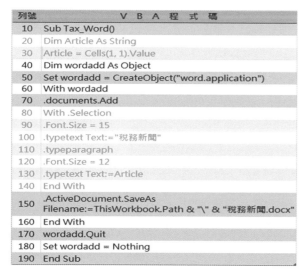

列號	V B A 程 式 碼
10	Sub Tax_Word()
20	Dim Article As String
30	Article = Cells(1, 1).Value
40	Dim wordadd As Object
50	Set wordadd = CreateObject("word.application")
60	With wordadd
70	.documents.Add
80	With .Selection
90	.Font.Size = 15
100	.typetext Text:="稅務新聞"
110	.typeparagraph
120	.Font.Size = 12
130	.typetext Text:=Article
140	End With
150	.ActiveDocument.SaveAs Filename:=ThisWorkbook.Path & "\" & "稅務新聞.docx"
160	End With
170	wordadd.Quit
180	Set wordadd = Nothing
190	End Sub

20～30： 純 粹 Excel 操作，宣告一個文字變量，將「A1」儲存格的內容寫到這文字變量裡；80～140：VBA 不但新增一個 Word 文件，並且直接利用程式碼，於 Word 文件輸入文字「稅務新聞」、字體大小為「15」，空一行後，再輸入 Excel「A1」儲存格的內容、字體大小為「12」。

7 終於大功告成！

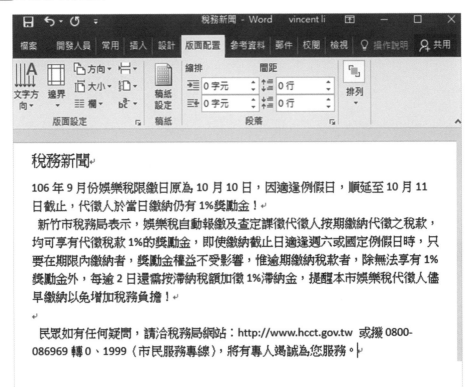

本書截至目前為止，都是運用 Excel VBA 取得網頁資料，所以這一節即使最終儲存為 Word 文件，仍然是透過 Excel。但其實主要的 Office 軟體都能編寫 VBA，例如包括 Word、PowerPoint、Outlook，剛好現在的範例較適合 Word，在下一節便嘗試直接於 Word 執行 VBA。

Memo ==

6-4 Word 頭條新聞

上一節介紹如何先取得網頁中新聞區塊的文字內容，然後將這內容儲存於 Word 文件，這兩個步驟都是運用 Excel 的 VBA 操作，資料來源為網頁，資料形式為 Word，這其中 Excel 只是過渡工具，於是乎會有個想法，為何不乾脆直接 Word 取得網頁資料即可？以下具體介紹：

1 在 Word 編寫 VBA 代碼如下，本書截至目前為止都是 Excel 的 VBA 環境，而其實在 Word 同樣「Alt+F11」開啟 Visual Basic 編輯器，也可以於選項中勾選預設好的開發人員頁籤，如此會發現 Word 和 Excel 兩者 VBE（VBA 環境）根本如出一轍！

列號	V B A 程 式 碼
10	Sub Word_Web()
20	Dim ie As Object, doc, news, Articles As String
30	Set ie = CreateObject("InternetExplorer.Application")
40	With ie
50	.Visible = False
60	.navigate "https://www.hcct.gov.tw/ch/home.jsp?id=19&parentpath=0,2&mcustomize=taxnews_view.jsp&dataserno=201709300001&t=TaxNews&mserno=201509250005"
70	Do Until .ReadyState = 4
80	DoEvents
90	Loop
100	Set doc = .Document
110	Set news = doc.getElementsByClassName("ap02")(0)
120	Let Articles = CStr(news.innerText)
130	ActiveDocument.Content.InsertAfter Text:=Articles
140	ActiveDocument.Content.InsertParagraphAfter
150	ActiveDocument.Content.InsertParagraphAfter
160	Set news = doc.getElementsByClassName("main-a_03")(0)
170	Let Articles = CStr(news.innerText)
180	ActiveDocument.Content.InsertAfter Text:=Articles
190	End With
200	End Sub

10～110：這一段的程式碼和前面Excel章節並無差異，因為作用同樣都是取得網頁資料；

120：Excel主要處理數字（但文字亦可）、Word只能處理文字（無法作計算），所以相較於Excel的程式碼，這裡使用了VBA特有的CStr函數，作用是將其他類型的變數轉換成文字；

130～180：Word專屬的編輯語法。「ActiveDocument.Content」指定文件的內容作為對象（物件），「InsertAfter Text:=Articles」是就這個對象下達操作命令（方法），作用為在目前位置後輸入文件，類似地，「InsertParagraphAfter」作用為在目前位置後增加一個新的段落輸入，效果等於直接在Word按「Enter」鍵。

2 在Word執行「Word_Web」，操作方式和Excel執行巨集相同，快速組合鍵為「Alt+F8」，執行結果非常漂亮。

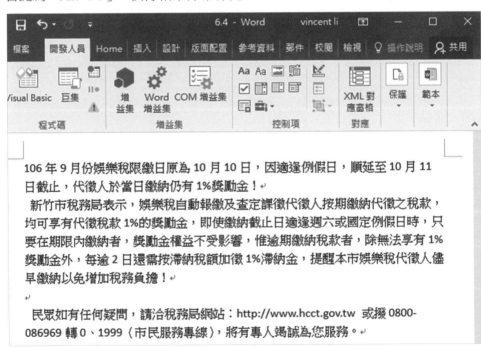

3 上個步驟是一篇完整的文章,通常新聞類的網站還會有以標題為主的彙總網頁,例如:「https://www.hcct.gov.tw/ch/home.jsp?id=19&parentpath=0,2」。

發布日期	標題	類別
106-09-30	106年10月份娛樂稅繳納限繳日順延至10月11日截止	娛樂稅
106-09-29	免用發票營業人,開立收據免貼花	印花稅
106-09-29	房屋現值哪裡查?地方稅網路申報系統可查得	房屋稅
106-09-29	地方稅行政救濟程序與期限 報乎您知!	行政救濟
106-09-22	106年營業用車輛下期使用牌照稅即將於10月1日開徵囉!	使用牌照稅
106-09-21	地價稅符合自用住宅優惠稅率條件 9月22日前申請稅金省4倍	地價稅
106-09-19	106年地價稅適用特別稅率或減免規定者應在9月22日前提出申請	地價稅
106-09-12	稅務局9月起全面清查社福及私校受贈土地使用情形	土地增值稅
106-09-12	房屋及土地同一年多次贈與 契稅、土地增值稅核課大不同	土地增值稅
106-09-07	廠房轉租,無法適用房屋稅減半徵收!	房屋稅
106-09-07	身障者免稅車輛 愈早申請愈省錢	使用牌照稅
106-08-31	欠繳使用牌照稅核准分期繳納後,行駛公共道路免罰!	使用牌照稅
106-08-31	開學囉!迎新舞會high不停,別忘登記報備還有申請免徵娛樂稅!	娛樂稅
106-08-29	「納稅者權利保護法」自106年12月28日起施行	法規行政
106-08-29	稅務局8月起全面清查記存土地增值稅列管案件	土地增值稅

Memo ==

4 取得網頁特定內容的第一步，是瞭解其於整個HTML網頁DOM結構（Document Object Model）的位置，先前都是利用Chrome瀏覽器工具，雖然沒問題，但畢竟網頁原始碼型態上就是一個文字資料，很適合用Word處理，這裡介紹如何用Word的VBA取得網頁原始碼。

列號	Ｖ Ｂ Ａ 程 式 碼
10	Sub Word_WebBody()
20	Dim ie As Object, doc, news, Articles As String
30	Set ie = CreateObject("InternetExplorer.Application")
40	With ie
50	.Visible = False
60	.navigate "https://www.hcct.gov.tw/ch/home.jsp?id=19&parentpath=0,2"
70	Do Until .ReadyState = 4
80	DoEvents
90	Loop
100	Set doc = .Document
110	Set news = doc.body
120	Articles = CStr(news.outerhtml)
130	ActiveDocument.Content.InsertAfter Text:=Articles
140	End With
150	End Sub

110：先前程式碼是取得特定分類名稱的網頁元素：「Set news = doc.getElementsByClassName("ap02")(0)」，這個則是取得整個網頁的呈現主體：「Set news = doc.body」。

Memo ==

5 文章彙總的網頁，每一條標題都是各個單一文章的超連結，利用此特性，於取得首頁「body」的Word文字中，先以瀏覽或關鍵字搜尋的方法，找到新聞標題在Word文件中的位置，選取某一標題的「</a>」，使其標黃色表示選取後，再快速鍵F4搜尋，如圖所示可以得知該標題於HTML DOM中的項次：「第501個結果，共616個」。

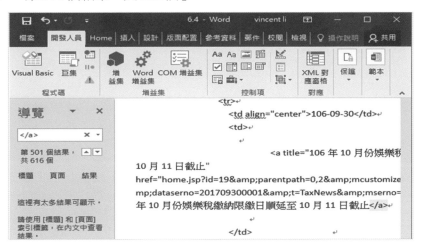

6 以上個步驟得到的資訊為基礎，編寫VBA程式碼如下：

30：定義變數「i」為「500」。

列號	V B A 程 式 碼
10	Sub Word_WebLinks()
20	Dim ie As Object, doc, news, Articles As String, i, j As Integer
30	i = 500
40	Set ie = CreateObject("InternetExplorer.Application")
50	With ie
60	.Visible = False
70	.navigate "https://www.hcct.gov.tw/ch/home.jsp?id=19&parentpath=0,2"
80	Do Until .ReadyState = 4
90	DoEvents
100	Loop
110	Set doc = .Document

120～180：套用先前章節學到的「For～Next」迴圈語句，變數為「j＝0 To 14」，再結合「Set news = doc.Links(i + j)」物件定義，等於是依次取得網頁第500到第514的超連結元素。

列號	Ｖ Ｂ Ａ 程 式 碼
120	For j = 0 To 14
130	Set news = doc.Links(i + j)
140	Articles = CStr(news.innerText)
150	ActiveDocument.Content.InsertAfter Text:=Articles
160	ActiveDocument.Content.InsertParagraphAfter
170	ActiveDocument.Content.InsertParagraphAfter
180	Next j
190	End With

7 執行「Word_WebLinks」的結果，一如預期。

在本章6.2第七步驟，介紹過VBA想取得網頁的某特定部分，有許多關鍵字類型可使用，先前章節一直都是藉助「getElementsByClassName」，這一節用到了「body」及「Links」，相信經過這3個具體的範例操作，讀者應能舉一反三，在有需要的時候引用其他的關鍵字工具。

6-5 新聞郵件發送

1 在上一節從Excel到Word，會發現VBA的操作及用法完全一樣，其實大部分Office相關的應用軟體都支持VBA功能，其中Excel是大宗，Word用的機會少一點，這一節剛好會啟動Outlook，順便和讀者介紹一下。如下圖所示，這個辦公室裡相當熟悉的郵件軟體，如同其他Office家族成員，也可以於「檔案」、「選項」中的「自定功能區」，將「開發人員」索引標籤打勾顯示，不過實際操作後，Outlook僅有VBA編輯器及執行巨集按紐，並沒有錄製巨集的選項，這是因為Outlook為收發郵件，不像Excel有許多複雜的資料計算及操作，因此Outlook雖然同樣有VBA，但在功能上是相對簡化了。

2 短介紹完 Outlook，回到 Word，於 Word 應用軟體中編寫如下 VBA 程式碼：

列號	V B A 程 式 碼
10	Public Sub SendMail_Hello()
20	Dim MailBox As Object
30	Set MailBox = CreateObject("Outlook.Application")
40	Set mail = MailBox.CreateItem(olMailItem)
50	With mail
60	.To = "b88104069@gmail.com"
70	.Subject = "First VBA Sending Mail"
80	.Body = "Hello, World!"
90	.Send
100	End With
110	Set MailBox = Nothing
120	End Sub

10：新增一個「SendMail_Hello」巨集程式；

20：宣告一個新的「MailBox」物件；

30：定義「MailBox」為一個「Outlook.Application」的物件，這是 Outlook 物件模型中的最高層級物件，可以把 Outlook 或者任何一個應用軟體程式想像為一個大資料夾，裡面有很多東西（物件）和指令（方法），而 Outlook 就是這個大資料夾的名稱，亦即根目錄；

40：定義「mail」為「MailBox」中建立一封新郵件（「CreateItem」）的對象，「(olMailItem)」代表直接使用outlook寄送郵件；

50：針對「mail」編輯方法及屬性，開始一連串的with程式區塊，其實就是以VBA程式碼的方法撰寫新郵件；

60：收件者；

70：主旨；

80：內文；

90：傳送郵件；

100：結束此with區塊；

120：結束「SendMail_Hello」巨集程式

3 執行「SendMail_Hello」巨集時，outlook會偵測到有其他程式要利用它自動傳送郵件，提出警告，在這個視窗按下「允許」。

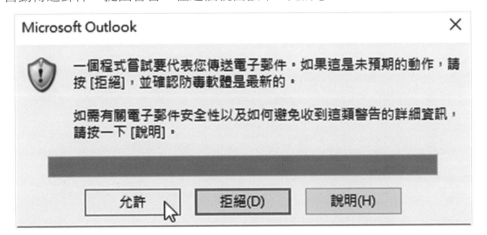

4 「Hello, World!」，這是從 1972 年流傳至今，每個學習電腦程式語言寫出第一個程式的經典用法，通常當電腦螢幕出現這一句話，代表該語言的編譯器、程式開發環境、執行環境已經成功運作。熟悉 Wordpress 架設網站的讀者，應該也知道網站架設好的第一篇文章便是「Hello, World!」，在這裡沿用此經典傳承，讓 VBA 第一次自動傳送的郵件也是「你好，世界！」

5 如果經常使用 VBA 自動傳送郵件，不想每次都看到第三步驟的警告視窗，可以 Outlook 的「選項」中，將「信任中心」的「以程式設計方法存取」設定為「不要警告我有可能的活動」。

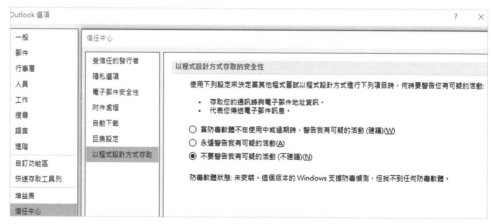

6 接下來正式編寫 Word 自動傳送稅務新聞郵件的程式碼：

列號	V B A 程 式 碼
10	Public Sub SendMail_Tax()
20	Selection.WholeStory
30	news = CStr(Selection.Text)
40	Dim MailBox As Object
50	Set MailBox = CreateObject("Outlook.Application")
60	Set mail = MailBox.CreateItem(olMailItem)
70	With mail
80	.To = "b88104069@gmail.com"
90	.Subject = "TaxNews"
100	.Body = news
110	.Send
120	End With
130	Set MailBox = Nothing
140	End Sub

20：相當於全選 Word 內容資料；

30：將 Word 全部內容先統一轉換成文字，然後定義為「news」；

40～120：和第二步驟程式類似，只不過郵件主旨為「TaxNews」，郵件內文為定義好的變數「news」；

130：郵件傳送完後關閉 outlook 應用。

7 收到了這封由 Office 自動傳送的稅務新聞郵件，表示在學習 VBA 自動化的過程中達到了一個里程碑，如同收到「Hello, World!」一樣的驚喜！

這一節在郵件收件者只設定為一個人，不過既然是發送電子郵件，方便的地方在於可以很容易傳送群組信，所以這裡可以設定幾個收件者群組，依照實務上不同狀況的需要，讓 Office 自動傳送特定內容的郵件，不限於 Word 文章，Excel 的報表圖表當然也沒有問題！

本書第三章介紹如何取得網頁排行榜,當時是將資料分別下載到各個工作表,然後用特別的樞紐方法,將這些資料彙總在一起。其實以數據分析而言,首先應該將取得的資料整理成簡單明細表的方法,比較方便用Excel工具進一步作種種分析,這一節即在前面6章的技術基礎上,完整說明如何以Excel及VBA搭配綜合應用。

7-1 單一年度排行

1 國立清華大學圖書館的借閱排行榜:「http://www.lib.nthu.edu.tw/guide/topcirculations/index.htm」。

Memo ==

2 稍加修改6-4的程式碼範例，於Word取得網頁原始碼整個<body>的部分，在前面多加了兩行代碼，用意是可能會多次取得不同網頁，所以在程式最一開始設定先清除所有內容。

30：選取Word編輯區域的全部範圍；

40：輸入「Backspace」，也就是刪除鍵。

列號	V B A 程 式 碼
10	Sub Charts_Word_HtmlBody()
20	
30	Selection.WholeStory
40	Selection.TypeBackspace
50	
60	Dim ie As Object, doc, web, Articles As String
70	Set ie = CreateObject("InternetExplorer.Application")
80	With ie
90	.Visible = False
100	.navigate "http://www.lib.nthu.edu.tw/guide/topcirculations/b_ch book_2008.htm"
110	Do Until .ReadyState = 4
120	DoEvents
130	Loop
140	Set doc = .Document
150	Set web = doc.body
160	Articles = CStr(web.outerhtml)
170	ActiveDocument.Content.InsertAfter Text:=Articles
180	End With
190	
200	End Sub

3 從網頁原始碼分析出每一年中文圖書借閱排行榜的網址架構:「<li><a href="b_chbook_2016.htm">2016年</a></li>」,「b_」+「ch」+「book_」+「2016」+「.htm」,比照下面的西文圖書,有些是固定數,有些是變動數,如果要批次取得網頁資料,首先要瞭解這個結構。

```
<div class="clearfix" id="cwrp">
    <p><a class="accesskey" accesskey="C" href="#">:::</a></p>
    <h1>借閱排行榜</h1>
    <h2>館藏借閱排行榜</h2>
    <h3>中文圖書</h3>
    <ul class="list01">
        <li><a href="b_chbook_2016.htm">2016 年</a></li>
        <li><a href="b_chbook_2015.htm">2015 年</a></li>
        <li><a href="b_chbook_2014.htm">2014 年</a></li>
        <li><a href="b_chbook_2013.htm">2013 年</a></li>
        <li><a href="b_chbook_2012.htm">2012 年</a></li>
        <li><a href="b_chbook_2011.htm">2011 年</a></li>
        <li><a href="b_chbook_2010.htm">2010 年</a></li>
        <li><a href="b_chbook_2009.htm">2009 年</a></li>
        <li><a href="b_chbook_2008.htm">2008 年</a></li>
    </ul>
    <h3>西文圖書</h3>
    <ul class="list01">
        <li><a href="b_enbook_2016.htm">2016 年</a></li>
        <li><a href="b_enbook_2015.htm">2015 年</a></li>
```

4 2008年中文圖書借閱排行榜：「http://www.lib.nthu.edu.tw/guide/topcirculations/b_chbook_2008.htm」

5 和第二步驟同樣的Word文件，修改程式碼中的網址，即可得到2008年借閱排行的網頁原始碼，如同前面章節所述，「<table width="94%" class="listview" summary="2008年中文圖書借閱排行榜">」，這是一個以表格資料為主的網頁。

6 編寫 VBA 程式碼如下，上半部是「QueryTables.Add」的方式取得網頁資料，下半部是參考4-2的方法調整格式。

列號	V B A 程 式 碼
10	Sub Chart_2008()
20	
30	'取得網頁資料
40	Application.CutCopyMode = False
50	With ActiveSheet.QueryTables.Add _
60	(Connection:="URL;http://www.lib.nthu.edu.tw/guide/topcirculations/b_chbook_2008.htm", _
70	Destination:=Range("$A$1"))
80	.WebFormatting = xlWebFormattingNone
90	.Refresh BackgroundQuery:=False
100	End With
110	
120	'格式調整
130	Columns("A:A").Insert Shift:=xlToRight, CopyOrigin:=xlFormatFromLeftOrAbove
140	ActiveSheet.Rows(1).Delete Shift:=xlUp
150	Cells(1, 1) = "年份"
160	Dim R As Integer
170	R = ActiveSheet.UsedRange.Rows.Count
180	Range(Cells(2, 1), Cells(R, 1)).Value = "2008"
190	Columns("A:D").ColumnWidth = 5: Columns("C").ColumnWidth = 50
200	Columns("A:B").HorizontalAlignment = xlCenter
210	Columns("C").HorizontalAlignment = xlLeft
220	Columns("D").HorizontalAlignment = xlRight
230	Rows("1").HorizontalAlignment = xlCenter
240	Range("A1").CurrentRegion.Borders.LineStyle = 1
250	Cells.Font.Name = "微軟正黑體"
260	
270	End Sub

7 執行「Chart_2008」巨集後的結果如下，很完美的一份2008年中文圖書排行榜。

	A	B	C	D
B201		fx	200	
	年份	排名	書名	次數
2	2008	1	獵命師傳奇 = Fatehunter /	171
3	2008	2	柏楊版資治通鑑	89
4	2008	3	全元文	87
5	2008	4	太歲	80
6	2008	5	中高級全真模擬試題 詳解本	79
7	2008	6	邊荒傳說	75
8	2008	7	尋秦記 /	72
9	2008	8	尋秦記	71
10	2008	9	全民英檢字彙破關 = Master GEPT vocabulary:high-intermedi	69
11	2008	10	中高級全真模擬試題 試題本	67
200	2008	199	法文 教材本	21
201	2008	200	MIMS醫用微生物學	21

8 最後順帶一提，也可以用「CreateObject("InternetExplorer.Application")」的方式取得排行榜資料，但依第六章所介紹方法，會將所有資料都下載到一個儲存格內，相當不方便Excel作進一步整理。通常網頁帶表格的話，使用「QueryTables.Add」方法最有效率。

作業系統裡面有個DLL檔案，全名為Dynamic Link Library（「動態連結資料庫」），它像是共享程式、或者說共享組件，例如Windows作用系統也有、應用軟體也有，都有一個類似的檔案視窗界面，每當我們在進行資料夾有關的儲存、另存、新增等操作，系統都會調用這個特定的DLL檔案，依照某些參數運行視窗功能。本書在前面6章以各式各樣的角度，介紹Excel VBA如何取得網頁資料，到了第7章，便是把前面所使用種種巨集當作DLL檔案，一一稍加變化，綜合應用於各個網站資料的數據分析上。

7-2 多個年度排行

上一節取得單一年度的資料，如果僅止於此，未免大費周章，不過，電腦程式的優點在於非常有效率且不出錯的機器運作，在利用 Excel VBA 取得網站資料亦是如此，這一節便進一步介紹如何一次取得多個年度的排行榜。

1 首先編寫 VBA 程式碼如下。這裡將變數宣告單獨做在第一個段落，在程式將會一大長串的時候，最好把所有變數統一集中，容易閱讀及檢查。另外這裡因為預知接下來會有很多年度，特定把年度作為新增工作表和輸入內容的變數處理。

	A	B
1	列號	V B A 程 式 碼
2	10	Sub Chart_2008_WorkshhetAdd()
3	20	
4	30	'變數宣告
5	40	Dim Y, R As Integer
6	50	
7	60	'新增工作表
8	70	Y = 2008
9	80	ActiveWorkbook.Sheets.Add after:=Worksheets(Worksheets.Count)
10	90	ActiveSheet.Name = Y
11	100	
12	110	'取得網頁資料
20	190	
21	200	'格式調整
22	210	Columns("A:A").Insert Shift:=xlToRight, CopyOrigin:=xlFormatFromLeftOrAbove
23	220	ActiveSheet.Rows(1).Delete Shift:=xlUp
24	230	Cells(1, 1) = "年份"
25	240	R = ActiveSheet.UsedRange.Rows.Count
26	250	Range(Cells(2, 1), Cells(R, 1)).Value = Y
34	330	
35	340	End Sub

2 新增了一個工作表「2008」，內容正是 2008 年的中文圖書排行榜。

	A	B	C	D
1	年份	排名	書名	次數
2	2008	1	獵命師傳奇 = Fatehunter /	171
3	2008	2	柏楊版資治通鑑	89
4	2008	3	全元文	87
5	2008	4	太歲	80
6	2008	5	中高級全真模擬試題 詳解本	79
7	2008	6	邊荒傳說	75
8	2008	7	尋秦記 /	72
9	2008	8	尋秦記	71
10	2008	9	全民英檢字彙破關 = Master GEPT vocabulary:high-inte	69
11	2008	10	中高級全真模擬試題 試題本	67

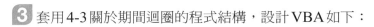

③ 套用4-3關於期間迴圈的程式結構，設計VBA如下：

列號	V B A 程 式 碼
10	Sub Chart_Years()
20	
30	'變數宣告
40	Dim i, R As Integer, Year, WebAdress As String
50	
60	'設置迴圈
70	For i = 2009 To 2016
80	Year = CStr(i)
90	WebAdress = "URL;http://www.lib.nthu.edu.tw/guide/topcirculations/b_chbook_" & Year & ".htm"
100	
110	'新增工作表
140	
150	'取得網頁資料
160	Application.CutCopyMode = False
170	With ActiveSheet.QueryTables.Add _
180	(Connection:=WebAdress, _
230	
240	'格式調整
370	
380	Next i
390	
400	End Sub

④ 一鍵取得2009年到2016年的排行榜資料，每個年度一個工作表。

年份	排名	書名	次數
2016	1	新版實用視聽華語 = Practical audio-visual Chinese /	146
2016	2	天龍八部 = The semi-gods and the semi-devils /	144
2016	3	新托福口语真经3 /	135
2016	4	射鵰英雄傳 = The eagle-shooting heroes /	121
2016	5	費曼物理學講義 . II, 電磁與物質 /	118
2016	6	移動迷宮	118
2016	7	NEW TOEIC TEST金色證書：模擬測驗 /	115
2016	8	盜墓筆記 = The secret of grave robber /	110
2016	9	神鵰俠侶 /	107
2016	10	傅斯年全集	105

2008 | 2009 | 2010 | 2011 | 2012 | 2013 | 2014 | 2015 | 2016

5 最後是彙總所有年度的工作表資料彙總，如圖所示，在彙總之後，刪除多餘重覆的標題列，再次整理格式。

列號	V B A 程 式 碼
10	Public Sub MergeSheets()
20	
30	'宣告變數
40	Dim Y1, R1, R2, i As Integer, Y2 As String
50	
60	'彙總各工作表資料
70	For Y1 = 2008 To 2016
80	Y2 = CStr(Y1)
90	R1 = ActiveSheet.UsedRange.Rows.Count
100	R1 = R1 + 1
110	Sheets(Y2).UsedRange.Copy ActiveSheet.Cells(R1, 1)
120	Cells(1, 1).Value = "避免第一行空白造成錯誤覆蓋"
130	Next Y1
140	
150	'刪除標題
160	ActiveSheet.Rows(1).Delete
170	R2 = ActiveSheet.UsedRange.Rows.Count
180	For i = R2 To 2 Step -1
190	If Cells(i, 1).Value = "年份" Then
200	ActiveSheet.Rows(i).Delete
210	End If
220	Next i
230	
240	'格式調整
250	Columns("A:D").ColumnWidth = 5: Columns("C").ColumnWidth = 50
260	Columns("A:B").HorizontalAlignment = xlCenter
270	Columns("C").HorizontalAlignment = xlLeft
280	Columns("D").HorizontalAlignment = xlRight
290	Rows("1").HorizontalAlignment = xlCenter
300	Range("A1").CurrentRegion.Borders.LineStyle = 1
310	Cells.Font.Name = "微軟正黑體"
320	
330	End Sub

6 整合起來的資料量相當大，從2008年第一名到2016年最後一個200名，總共有1815筆資料，以Excel群組指令將各個年度中間的資料折疊，方便大略與各個工作表初步驗證。

		A	B	C	D
C1815				你的生活,只能這樣嗎?：90個吃動睡微提案,只要選擇	
	1	年份	排名	書名	次數
	2	2008	1	獵命師傳奇 = Fatehunter /	171
+	201	2008	200	MIMS醫用微生物學	21
	202	2009	1	獵命師傳奇 = Fatehunter /	279
+	401	2009	200	三國演義 /	36
	402	2010	1	獵命師傳奇 = Fatehunter /	251
+	601	2010	200	組合語言	47
	602	2011	1	獵命師傳奇 /	255
+	801	2011	200	數理統計 /	43
	802	2012	1	沈從文全集	291
+	1001	2012	200	台北爸爸,紐約媽媽 /	39
	1002	2013	1	沈從文全集	265
+	1208	2013	200	傳統的再生	38
	1209	2014	1	微電子電路 /	190
+	1410	2014	200	新托福口语真经 3 /	45
	1411	2015	1	清宮內務府造辦處檔案總匯 雍正-乾隆	262
+	1612	2015	200	夢想這條路踏上了,跪著也要走完。/	43
	1613	2016	1	新版實用視聽華語 = Practical audio-visual Chinese /	146

7 援引會計實務上總帳與明細帳金額核對的觀念，把各個工作表的總次數羅列加總，再和匯總報表的總次數對照，通常兩個數字一致就沒有問題。

				=SUM(Summay!D:D)
B	C	D		E
	Check			公式：
2008	6,777			=SUM('2008'!D:D)
2009	11,095			=SUM('2009'!D:D)
2010	13,604			=SUM('2010'!D:D)
2011	13,215			=SUM('2011'!D:D)
2012	12,007			=SUM('2012'!D:D)
2013	13,129			=SUM('2013'!D:D)
2014	14,162			=SUM('2014'!D:D)
2015	12,896			=SUM('2015'!D:D)
2016	12,053			=SUM('2016'!D:D)
	108,938			=SUM(C2:C10)

從本書目前所積累的VBA程式技術來說，其實也可以一次把9個年度的資料全都下載到同一個工作表，這裡採取分開取得再彙總的方式，考量有兩點，其一是Excel本身就不是專門為取得網頁資料所設計的軟體，大批量執行有可能會當機，所以保留彈性；其二是就資料整理和驗證而言，像這樣將工作表分開比較適合Excel的特性。

7-3 樞紐分析圖表

取得資料的目的進一步作分析，上一節成功下載2008到2016年的排行榜，並且彙總在同一張工作表，第一列是標題，第二列開始是各年度的排行資料，這是最適合Excel分析的報表明細，這一節介紹如何製作樞紐圖表。

1 將滑鼠游標移到上方功能區到「插入」頁籤，在「表格」群組選擇「樞紐分析表」。

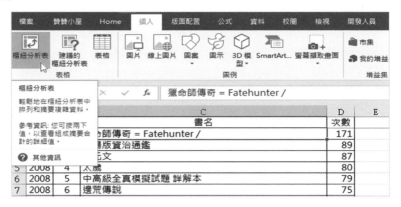

2 因為資料已經先整理過了，Excel會自動抓取適當範圍，在跳出來的「建立樞紐分析表」毋須作任何更動，直接「確定」。

156

3 Excel會將樞紐分析表生成於自動產生的新工作表，「樞紐分析表欄位」適當配置，把「書名」和「年份」拉到列標籤，把「次數」拉到值區域，如此很方便地瀏覽每本書在不同年份的排行次數。

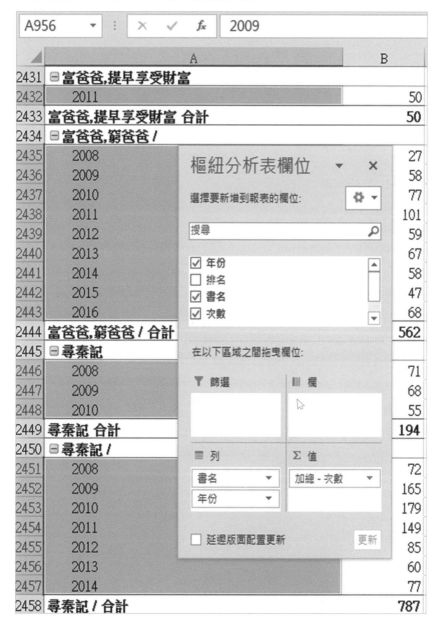

4 於上一步驟視窗中的「搜尋」欄位輸入「盜墓筆記 = The secret of grave robber /」，按下「確定」。

5 將滑鼠游標停留在樞紐分析任何一個位置，上方功能區會出現樞紐分析表專屬的頁籤，於「分析」的「工具」群組選擇「樞紐分析圖」。

6 在「插入圖表」視窗中選擇預設的「群組直條圖」，按「確定」。

7 非常簡便快速地生成一個還不錯的圖表。

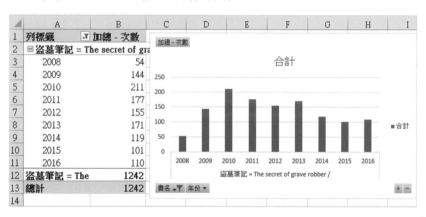

　　這一節並沒有對於樞紐分析表作太大的變化，選擇的圖表相對簡單，不過如同範例所見，無論是報表抑或圖表，都還有眾多其他項目可供設置及選擇，而且當資料量越大、欄位越多，越會發現樞紐分析圖表是很強大有效率的工具。Excel是高度圖案化的應用軟體，操作上非常直覺，以圖表為例，讀者有興趣可多嘗試其他圖表所呈現的效果。

7-4 批次網頁新聞

本書第六章為《Excel稅務新聞》，到最後是將取得的資料儲存於Word文件、透過Outlook發送電子郵件。當時只有新聞標題，寫在郵件內文中寄出，在這一章綜合範例中，會介紹如何批量取得新聞全文，以習慣的附件形式寄出。

1 和6-4、6-5相同，這裡想取得新竹市稅務局的最新稅務新聞：「https://www.hcct.gov.tw/ch/home.jsp?id=19&parentpath=0,2」。

稅務新聞		

標　　題：請輸入關鍵字	分　　類：—全部分類— ▼	
發布日期：105-10-19　(起) ~	(迄)	查詢　重設

發布日期	標題	類別
106-10-19	使用牌照稅按日課徵 申請直撥退稅最便利	使用牌照稅
106-10-18	繼承重劃後之土地再移轉，土地增值稅不適用40%減徵規定	土地增值稅
106-10-17	車輛回收後仍應辦理撤銷牌照手續 以免受罰	法規行政
106-10-17	利用契稅申報書附聯 一次完成地價稅、房屋稅優惠稅率申請	契稅
106-10-11	稅務盃3對3籃球賽開打 SBL球星帥氣登場high翻全場	納稅服務
106-09-29	免用發票營業人，開立收據免貼花	印花稅
106-09-29	房屋現值哪裡查?地方稅網路申報系統可查得	房屋稅
106-09-29	地方稅行政救濟程序與期限 報乎您知！	行政救濟
106-09-22	106年營業用車輛下期使用牌照稅即將於10月1日開徵囉！	使用牌照稅
106-09-21	地價稅符合自用住宅優惠稅率條件 9月22日前申請稅金省4倍	地價稅
106-09-19	106年地價稅適用特別稅率或減免規定者應在9月22日前提出申請	地價稅
106-09-12	稅務局9月起全面清查社福及私校受贈土地使用情形	土地增值稅
106-09-12	房屋及土地同一年多次贈與　契稅、土地增值稅核課大不同	土地增值稅
106-09-07	廠房轉租，無法適用房屋稅減半徵收！	房屋稅
106-09-07	身障者免稅車輛 愈早申請愈省錢	使用牌照稅

第 1 ▼ ，每頁顯示 15 ▼ 筆，共89筆　　下一頁　最末頁

2 網頁中每條稅務新聞都是其他網頁的超連結，分析網頁原始碼，可知該網頁一共有616個超連結，這些新聞是其中的第501個開始，如同5-4的分析結果。

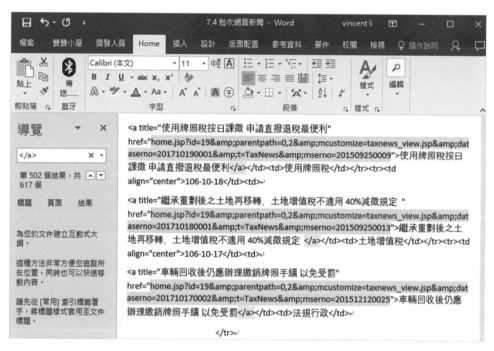

Memo ===

3 編寫VBA程式碼如下：

列號	V B A 程 式 碼
10	Sub Excel_WebLinks()
20	Dim ie, doc, news As Object, Articles As String, i, j, r As Integer
30	i = 501
40	Set ie = CreateObject("InternetExplorer.Application")
50	With ie
60	.Visible = False
70	.navigate "https://www.hcct.gov.tw/ch/home.jsp?id=19&parentpath=0,2"
80	Do Until .ReadyState = 4
90	DoEvents
100	Loop
110	Set doc = .Document
120	For j = 0 To 14
130	r = r + 1
140	Set news = doc.Links(i + j)
150	Articles = CStr(news.innerText)
160	Cells(r, 1).Value = news
170	Next j
180	End With
190	End Sub

130：以「r」變數建立一個計數器，從一開始，每次「j」迴圈就再加一；

160：在第「r」列第「1」欄寫入所取得的網頁資料「news」

4 取得資料如下，正是該網頁中所有稅務新聞的網址。

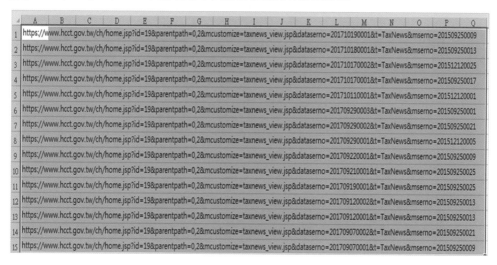

5 以上個步驟第一個網址為例，「https://www.hcct.gov.tw/ch/home.jsp?id=19&parentpath=0,2&mcustomize=taxnews_view.jsp&dataserno=201710190001&t=TaxNews&mserno=201509250009」，實際瀏覽該網頁如下：

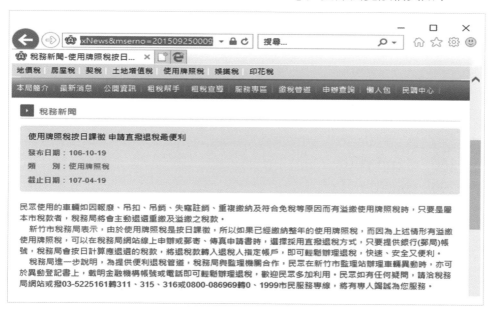

6 再編寫 VBA 程式碼如下：

列號	V B A 程 式 碼
10	Sub TaxNews()
20	
30	'變數宣告
40	Dim i, r As Integer, Year, Web As String
50	Worksheets.Add(After:=Worksheets(Worksheets.Count)). Name = "TaxNews"
60	
70	'設置迴圈
80	r = Sheets("4").UsedRange.Rows.Count
90	For i = 1 To r
100	Web = Sheets("4").Cells(i, 1).Value
110	Web = CStr(Web)
120	Cells(i, 1).Value = i
130	
140	'取得網頁資料
150	Dim ie, doc, ranking, Aricles As Object
160	Set ie = CreateObject("InternetExplorer.Application")
170	With ie
180	.Visible = False
190	.navigate Web
200	Do Until .ReadyState = 4
210	DoEvents
220	Loop
230	Set doc = .Document
240	Set ranking = doc.getElementsByClassName("main-a_03")(0)
250	Articles = ranking.innerText
260	Sheets("TaxNews").Cells(i, 2).Value = Articles
270	End With
280	Next i
290	
300	'格式調整
310	Worksheets("TaxNews").Cells.EntireRow.RowHeight = 120
320	Worksheets("TaxNews").Columns(1).ColumnWidth = 7
330	Worksheets("TaxNews").Columns(2).ColumnWidth = 110
340	Worksheets("TaxNews").Cells.EntireRow.AutoFit

7 成功於Excel取得各個超連結網址的稅務新聞全文如下：

| B3 | ▼ | ： | × | ✓ | fx | 民眾的車輛若因老舊或毀損不堪使用，應委託合法回收機構處理，並記得檢具相 |

	A	B
1	1	民眾使用的車輛如因報廢、吊扣、失竊註銷、重複繳納及符合免稅等原因而有溢繳使用牌照稅時，只要是屬本市稅款者，稅務局將會主動退還重繳及溢繳之稅款。 　新竹市稅務局表示，由於使用牌照稅是按日課徵，所以如果已經繳納整年的使用牌照稅，而因為上述情形有溢繳使用牌照稅，可以在稅務局網站線上申辦或郵寄、傳真申請書時，選擇採用直接退稅方式，只要提供銀行(郵局)帳號，稅務局會按日計算應退還的稅款，將退稅款轉入退稅人指定帳戶，即可輕鬆辦理退稅，快速、安全又便利。 　稅務局進一步說明，為提供便利退稅管道，稅務局與監理機關合作，民眾在新竹市監理站辦理車輛異動時，亦可於異動登記書上，載明金融機構帳號或電話即可輕鬆辦理退稅，歡迎民眾多加利用。民眾如有任何疑問，請洽稅務局網站或撥03-5225161轉311、315、316或0800-086969轉80、1999市民服務專線，將有專人竭誠為您服務。
2	2	重劃之土地，於重劃後第1次移轉時，土地增值稅可減徵40%，但如果土地是重劃後繼承取得，再行移轉時，已不屬重劃後第1次移轉，不適用土地增值稅減徵40%規定。 　新竹市稅務局表示，繼承也是移轉發生原因之一種，因此，重劃之土地經繼承後再移轉時，已不屬重劃後第1次移轉，故無法適用減徵土地增值稅40%之規定。稅務局又補充說明，繼承所取得之土地不需要課徵土地增值稅，且於繼承後移轉，是以繼承之土地公告現值作為計算土地漲價額之基礎，其土地增值稅亦已獲相當減稅，故如於繼承當年出售繼承的土地，是無土地增值稅額的。 　民眾如有任何疑問，請洽稅務局網站或撥0800-086969轉80、1999市民服務專線，將有專人竭誠為您服務。
3	3	民眾的車輛若因老舊或毀損不堪使用，應委託合法回收機構處理，並記得檢具相關證明文件及2面車牌逕向監理機關辦理報廢登記，才算完成車輛報廢手續。 　新竹市稅務局表示，車輛經回收後，如未向監理機關辦理報廢繳銷牌照手續，一旦查獲有將車牌移掛他車，使用公共道路情事，依使用牌照稅法第31條規定，應處使用牌照稅全年應納稅額2倍之罰鍰。 　稅務局特別提醒民眾，車輛回收後仍應盡速向車籍所在地的監理機關完成報廢繳銷牌照手續，除可領取回收獎勵金外，更可避免車牌遭他人移用而受罰。 　民眾如有任何疑問，請洽稅務局網站或撥0800-086969轉80、1999市民服務專線，將有專人竭誠為您服務。

　　這一節運用綜合VBA技術，將一個網頁所特定類型的多個超連結網址，一次依序取得各個相對應網址的特定內容，並且井然有序地寫入Excel工作表上，格式經過自動調整。最後兩點補充：其一，超連結正是如今網頁之所以便利的原因，通常一個網頁上都會有很多其他網頁的超連結，像這樣都是可以利用本節方法，批次量取得同一網頁多個超連結網址的內容；其二，這一節是將資料寫入Excel，其實如果以可閱讀性來說，Word會是比較適合的軟體，對此將於下一節繼續介紹。

Memo ====================================

7-5 完整新聞郵寄

　　這一節除了銜接上一節中將各個網頁改成以Word文書軟體取得之外，還會進一步介紹如何將這個Word文件作為附件檔案，透過Outlook寄送電子郵件。為了保留彈性，雖然直接於Outlook編程VBA程式碼，但是會引用Excel預先整理好的郵件項目清單，如此可以將工作中或生活中常常需要一再書寫的郵件，轉換成一個高度自動化的程式運作，以下具體介紹：

1 編寫VBA程式碼如下：

列號	V B A 程 式 碼
10	Sub Word_TaxtNews_Headlines()
20	
30	Dim ie, doc, news As Object, i, j As Integer
40	Dim Headlines(0 To 14) As String, Headline As Variant
50	i = 503
60	Set ie = CreateObject("InternetExplorer.Application")
70	With ie
80	.Visible = False
90	.navigate "https://www.hcct.gov.tw/ch/home.jsp?id=19&parentpath=0,2"
100	Do Until .ReadyState = 4
110	DoEvents
120	Loop
130	Set doc = .Document
140	For j = 0 To 14
150	Set news = doc.Links(i + j)
160	Headlines(j) = CStr(news.innerText)
170	ActiveDocument.Content.InsertAfter Text:=Headlines(j)
180	ActiveDocument.Content.InsertAfter Text:=news
190	ActiveDocument.Content.InsertParagraphAfter
200	Next j
210	End With
220	
230	End Sub

40：「Dim Headlines(0 To 14) As String, Headline As Variant」為宣告數列變數。上一節是先取得一系列的網址於Excel工作表，再設置迴圈依序取得每一個儲存格的內容、作為取得各個網頁資料的網址。這一節是直接使用Word，這是因為Word雖然也有表格，但是其主要對象為文本，總是不若天生為表格的Excel容易處理，所以這裡改用另外一種方法，將每一個標題定義成數列變數。

160：利用普通迴圈「For j = 0 To 14」，依序取得網頁上的新聞標題網址，同時定義為數列變數「Headlines(j)」

170~180：將新聞標題及其網址寫到Word文件。

2 執行巨集「Word_TaxtNews_Headlines」，執行完畢Word文件即出現標題及網址。

3 再編寫VBA程式碼如下：

列號	V B A 程 式 碼
10	Sub Word_TaxtNews_All()
20	
30	'變數宣告
40	Dim ie, doc, news As Object, Articles As String, i, j As Integer
50	Dim Headlines(0 To 14) As String, Headline As Variant
60	Dim Contents(0 To 14) As String, Content As Variant
70	
80	'取得新聞標題
90	i = 503
100	Set ie = CreateObject("InternetExplorer.Application")
110	With ie
120	.Visible = False
130	.navigate "https://www.hcct.gov.tw/ch/home.jsp?id=19&parentpath=0,2"
140	Do Until .ReadyState = 4
150	DoEvents
160	Loop
170	Set doc = .Document
180	For j = 0 To 14
190	Set news = doc.Links(i + j)
200	Headlines(j) = CStr(news.innerText)
210	ActiveDocument.Content.InsertAfter Text:=Headlines(j)
220	Contents(j) = news
230	ActiveDocument.Content.InsertParagraphAfter
240	Next j
250	End With
260	
270	'取得新聞內文
280	For Each Content In Contents
290	N = N + 1
300	ActiveDocument.Content.InsertParagraphAfter
310	ActiveDocument.Content.InsertParagraphAfter
320	ActiveDocument.Content.InsertParagraphAfter
330	ActiveDocument.Content.InsertAfter Text:=Headlines(N - 1)
340	ActiveDocument.Content.InsertParagraphAfter
350	Web = CStr(Content)
360	Set ie = CreateObject("InternetExplorer.Application")
370	With ie

280~490：「For Each In…Next」是一種特別的「For…Next」循環語句，它循環的對象為集合或數列裡的每一個元素或項目。在這裡「Content」數列是一個個的網址，先巧妙利用「N」變數將先前的新聞標題數列「Headlines()」寫入 Word，再搭配「ie」物件引用瀏覽器，依序取得新聞內容寫入。

列號	V B A 程 式 碼
380	.Visible = False
390	.navigate Web
400	Do Until .ReadyState = 4
410	DoEvents
420	Loop
430	Set doc = .Document
440	Set ranking = doc.getElementsByClassName("main-a_03")(0)
450	Articles = ranking.innerText
460	ActiveDocument.Content.InsertAfter Text:=Articles
470	ActiveDocument.Content.InsertParagraphAfter
480	End With
490	Next Content
500	
510	End Sub

4 執行巨集「Word_TaxtNews_All」，過了一段時間，可以看到 Word 努力取得並寫入一個一個的新聞標題及文章。

5 先在Excel整理好一份經常需要書寫的郵件清單，列明收件人、主旨、內文、附加檔案等相關資訊。

6 直接於Outlook設計如下VBA程式碼：

列號	V B A 程 式 碼
10	Public Sub Outlook_SendMail()
20	
30	Dim ExcelMail As Object, N As Integer, T, S, B, A As String
40	Set ExcelMail = CreateObject("excel.application")
50	With ExcelMail
60	.Visible = True
70	.Workbooks.Open ("C:\Users\b8810\Documents\Attachments\MailList.xlsm")
80	End With
90	N = CInt(ExcelMail.InputBox("A欄位中序號", "請選擇信件序號", Type:=10))
100	T = ExcelMail.activeworkbook.Sheets("Mailing").Cells(N + 1, 2).Value
110	S = ExcelMail.activeworkbook.Sheets("Mailing").Cells(N + 1, 3).Value
120	B = ExcelMail.activeworkbook.Sheets("Mailing").Cells(N + 1, 4).Value
130	A = ExcelMail.activeworkbook.Sheets("Mailing").Cells(N + 1, 5).Value
140	ExcelMail.Quit
150	
160	Set mail = Application.CreateItem(olMailItem)
170	With mail

180	.To = T
190	.Subject = S
200	.Body = B
210	.Attachments.Add A
220	.Send
230	End With
240	Set mail = Nothing
250	
260	End Sub

30~140：於 Outlook 引用 Excel 試算表，從這裡可以看 VBA 裡最根本的物件為「Application」，在互相引用時，以這裡為例，便是建立一個「ExcelMail」物件，然後再操作這個 Excel 物件時，只要把所有原本為「Application」的程式語法，改為「ExcelMail」即可，這個道理可說是類推適用在所有 Office 軟體的 VBA 設計中。

160~240：編寫和 6-5 相同語法結構的程式，只不過這裡各個郵件項目，是前面從 Excel 已經定義好的變數。

7 執行「Outlook_SendMail」巨集，首先是選擇類似成為一個範本的「郵件序號」。

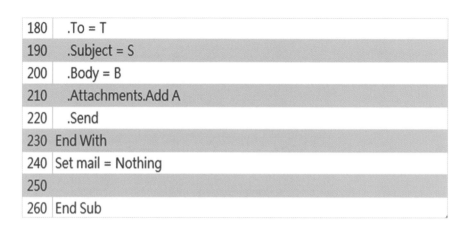

8 神奇的事情發生了，Outlook果真依Excel指示發信！

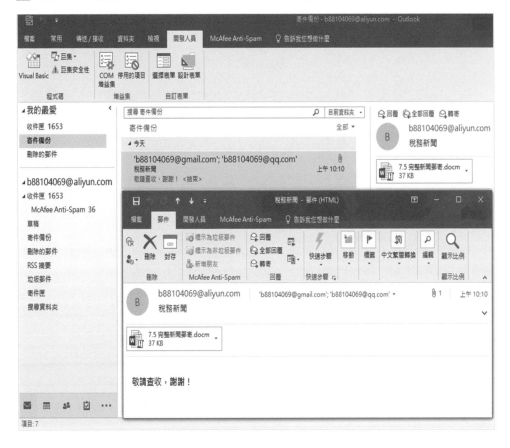

這一節最後有3點實戰經驗分享：

1. 在7-4的時候，程式碼裡的變數「i」設定為「501」，到了一個月後必須設為「503」，這表示網頁結構變了，想要批量或持續執行相同程式的前提，是網頁結構也必須保持不變，否則有需要更新程式，這是運用程式取得網頁資料的先天性限制。160：利用普通迴圈「For j = 0 To 14」，依序取得網頁上的新聞標題網址，同時定義為數列變數「Headlines(j)」。

170~180：將新聞標題及其網址寫到Word文件。

2. 以這一節Outlook引用Excel清單、附加Word檔案來看，想完美達成某項任務，有時候單一應用軟體是不夠的，除了Excel、Word、Outlook各自運作之外，很多時候需要彼此結合，所幸Office套件皆為微軟所開發，IE瀏覽器更是取得網頁資料的利器，他們都可以在同一個VBA程式編輯平台設計、語法結構相同，很容易可以交互引用，發揮更大效益。

3. 筆者在Outlook編寫VBA程式時，只要一嘗試輸入中文便會當掉，好幾次都是一樣，就連備註也沒有辦法，最後只得放棄再添加中文。這也是Office VBA的先天限制之一，畢竟原始軟體開發時為英文環境，縱使微軟苦心設計了多語言相容性套件的補充，在軟體前台操作沒有什麼問題，但如果是在後台編寫VBA程式，依照筆者經驗偶爾會遇到無法解的困難，因此倘若是開發比較大型和複雜的VBA程式集，最好還是以英文為主。

Memo ===

在第4章《Excel牌告匯率》中，介紹如何取得銀行的匯率資料，因為台灣已經有整理好完整的歷史報表，而且提供電子檔下載，那時候是把重點放在下載同一網頁上的大量資料，然後再進行格式上處理。實務上碰到比較多的狀況，是網站上僅提供當日或即時的資料，如果有需要必須定期把這些資料儲存起來，累積成自己的資料庫，在此說明如何達到比較有效率的作業方式。

8-1 當日匯率按紐

1 台灣銀行本行營業時間牌告匯率：「http://rate.bot.com.tw/xrt?Lang=zh-TW」，總共有19種幣別的現金買入賣出匯率及即期買入賣出匯率。

幣別	現金匯率		即期匯率	
	本行買入	本行賣出	本行買入	本行賣出
美金 (USD)	29.885	30.427	30.185	30.285
港幣 (HKD)	3.724	3.919	3.844	3.904
英鎊 (GBP)	38.64	40.57	39.51	39.93
澳幣 (AUD)	23.43	24.09	23.62	23.85
加拿大幣 (CAD)	23.8	24.54	24.07	24.29
新加坡幣 (SGD)	21.72	22.5	22.14	22.32
瑞士法郎 (CHF)	30.15	31.21	30.68	30.97
日圓 (JPY)	0.2584	0.2694	0.2648	0.2688

牌價最新掛牌時間：2017/10/20 16:00

http://rate.bot.com.tw/xrt?Lang=zh-TW　臺灣銀行牌告匯率

2 編寫VBA程式碼如下：

列號	V B A 程 式 碼
10	Sub BOT_Exchange()
20	
30	'取得當日匯率
40	Application.CutCopyMode = False
50	With ActiveSheet.QueryTables.Add _
60	(Connection:= _
70	URL;http://rate.bot.com.tw/xrt?Lang=zh-TW, _
80	Destination:=Range("$A$1"))
90	.WebSelectionType = xlSpecifiedTables
100	.WebTables = "1"
110	.AdjustColumnWidth = True
120	.WebFormatting = xlWebFormattingNone
130	.Refresh BackgroundQuery:=False
140	End With
150	
160	'格式調整
170	Columns.ColumnWidth = 10
180	Cells.Font.Name = "微軟正黑體"
190	
200	End Sub

3 這一類型雖然資料一直更新，但是架構不變，所以仔細分析所得資料，「現金匯率」、「即期匯率」、「本行買入」、「本行賣出」這些標題欄位錯位了，但可想而知它每次錯的位置會一樣的，另外第三列、第七列、……、依序是每一種幣別的換算匯率，利用這些特性，可作為接著編寫程式的重要參考。

H11	▼	× ✓ fx	=3+4*(ROW()-3)				
◢	A	B	C	D	E	F	G	H
1	幣別	幣別	現金匯率			即期匯率	儲存格列數	匯率所在列數
2			本行買入	本行賣出	本行買入	本行賣出	=ROW()	=3+4*(ROW()-3)
3	幣別國旗	29.885	30.427	30.185	30.285	查詢	3	3
4							4	7
5	美金 (USD)						5	11
6	美金 (USD)						6	15
7	幣別國旗	3.724	3.919	3.844	3.904	查詢	7	19
8							8	23
9	港幣 (HKD)						9	27
10	港幣 (HKD)						10	31
11	幣別國旗	38.64	40.57	39.51	39.93	查詢	11	35

4 在第四章中，是直接整理取得網頁資料的工作表，這裡介紹另一種思惟，先利用原始方法，將瀏覽器的網頁內容複製到 Excel 上，稍加整理格式，得到一個跟來源網頁非常神似的模版。

A10	▼	× ✓ fx	日圓 (JPY)	
◢	A	B	C	D	E
1	幣別	現金匯率		即期匯率	
2		本行買入	本行賣出	本行買入	本行賣出
3	美金 (USD)				
4	港幣 (HKD)				
5	英鎊 (GBP)				
6	澳幣 (AUD)				
7	加拿大幣 (CAD)				
8	新加坡幣 (SGD)				
9	瑞士法郎 (CHF)				
10	日圓 (JPY)				

Template　⊕

5 編寫如下程式：

100：為避免相同程式段落一再撰寫，直接以Call方法呼叫現成的程序巨集；

130：「Date」為VBA內置的函數，和Excel的「Today()」用法相同，都表示是系統今天的日期，這裡是將變數「D」設定為今天

列號	V B A 程 式 碼
10	Sub Today_FX()
20	
30	變數宣告
40	Dim D As String, i, j As Integer
50	
60	'新增暫存工作表
70	ActiveWorkbook.Sheets.Add After:=Worksheets(Worksheets.Count)
80	ActiveSheet.Name = "Temporary"
90	
100	Call BOT_Exchange
110	
120	'建立當日匯率的工作表
130	D = Date
140	D = Year(D) & Month(D) & Day(D)
150	Worksheets("Template").Copy After:=Worksheets("Template")
160	ActiveSheet.Name = D
170	
180	'複製所取得網頁資料
190	For i = 3 To 75 Step 4
200	For j = 2 To 5
210	k = (i - 3) / 4 + 1 + 2
220	Worksheets("Temporary").Cells(i, j).Copy
230	Worksheets(D).Cells(k, j).PasteSpecial xlPasteValues
240	Next j
250	Next i
260	

280～300：先新增一個暫存工作表，先把取得的網頁資料複製到這裡，接著複製到既有格式模式的工作表上，最後將暫存工作表刪除。這裡額外使用了「Application.DisplayAlerts = False」用意是關閉所有的警示視窗，在刪除完工作表後，再將警示功能開啟。

列號	V B A 程 式 碼
270	'刪除暫存工作表
280	Application.DisplayAlerts = False
290	Worksheets("Temporary").Delete
300	Application.DisplayAlerts = True
310	
320	End Sub

6 執行完程式，結果是新增了一個工作表「20171022」，內容是當天各幣別的匯率，格式和工作表「Template」相同。另外在第二張圖是沒有「Application.DisplayAlerts = False」的情況，會跳出一個警示視窗，在這裡很確定真的要刪除，所以於VBA即將此功能關閉，避免無謂的操作。

E10 · : × ✓ fx 0.2688

幣別	現金匯率		即期匯率	
	本行買入	本行賣出	本行買入	本行賣出
美金 (USD)	29.885	30.427	30.185	30.285
港幣 (HKD)	3.724	3.919	3.844	3.904
英鎊 (GBP)	38.64	40.57	39.51	39.93
澳幣 (AUD)	23.43	24.09	23.62	23.85
加拿大幣 (CAD)	23.8	24.54	24.07	24.29
新加坡幣 (SGD)	21.72	22.5	22.14	22.32
瑞士法郎 (CHF)	30.15	31.21	30.68	30.97
日圓 (JPY)	0.2584	0.2694	0.2648	0.2688

Template 20171022 ⊕

幣別	現金匯率		即期匯率	
	本行買入	本行賣出	本行買入	本行賣出
菲國比索 (PHP)	0.5386	0.6716		
印尼幣 (IDR)	0.00188	0.00258		
歐元 (EUR)	35		-	-
韓元 (KRW)	0.02497			
越南盾 (VND)	0.00096			
馬來幣 (MYR)	6.093			
人民幣 (CNY)	4.471	4.633	4.543	4.593

Microsoft Excel ×

⚠ Microsoft Excel 將永久刪除此工作表，確定要繼續嗎？

刪除　　取消

Template 20171022 Temporary ⊕

7 還記得2-5有分享過巨集按紐，由於這一節已經相當完整，可以做成一個按紐，隨時有需要按一下，即可快速「取得當日匯率」。

　　這一節分享的是取得當日匯率，其實如果僅止於瞭解當日的匯率情形，以瀏覽器上網即可。特地編寫VBA程式碼，好處在於收到當日匯率的同時，也把這份資料以Excel檔案的形式儲存起來，倘若日積月累，日後便是相關統計分析最好的資料庫，下一節就接著再介紹如何將每天匯率作適當的整理。

Memo ▰▰ ▰▰▰ ▰▰ ▰▰▰ ▰▰ ▰▰▰ ▰▰ ▰▰▰ ▰▰ ▰▰▰ ▰▰ ▰▰▰ ▰▰ ▰▰▰ ▰▰

8-2 每日匯率匯總

　　辦公室工作離不開電腦，電腦打開後勢必會用到Excel，而像匯率這樣的資料是每天會更新，可能每天都需要取得網頁上的匯率，到了月底還需要統計一整個月的匯率，如此說來，可能會希望一開啟某個活頁簿，Excel便會貼心提醒該取得當天匯率，然後可以將一段期間的資料合併，以下具體介紹設置方法：

1 想一開啟的檔案便執行巨集，在VBA界面點選將滑鼠游標移到「ThisWorkbbok」，連按兩下，右邊會跳出編寫程式視窗，左上角拉下選單，點擊「Workbook」，右上角會自動變成「Open」選項，表示編寫開啟活頁簿時即執行的程式。

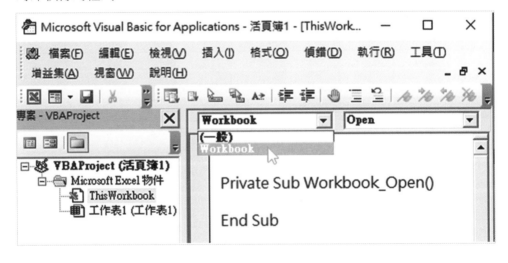

Memo ==

2️⃣ 編寫VBA程式如下：

30~50：這裡的變數宣告中，「Worksheet」為工作表物件，「Boolean」為
邏輯值，「True」為真，「False」為假，另外「False」預設數值為「0」和
Excel相同，但是「True」預設數值為「-1」，這個和Excel的「1」不盡相
同。

70~110：以「Hour(Time)」的函數方式將H變數設定為目前時間，因為台灣
銀行是上班時間過後才會更新匯率，也就是早晨之前會抓取到前天的匯率，
為避免系統日期和網頁匯率日期差一天的情況，抓個保守時間，如果是在
早上9點之前開啟檔案，提示「今日尚未公佈匯率，請於九點後取得匯率資
料。」，並且結束程式。

列號	Ｖ Ｂ Ａ 程 式 碼
10	Private Sub Workbook_Open()
20	
30	'變數宣告
40	Dim Sht As Worksheet, FX_Exist As Boolean, _
50	D, Txt As String, H As Integer
60	
70	'確認目前時間點
80	H = Hour(Time)
90	If H < 9 Then
100	MsgBox ("今日尚未公佈匯率，請於九點後取得匯率資料。")
110	Exit Sub

130~140：編寫「確認是否已取得匯率資料」的程式，這裡的「Else」是相對於第90列程式的「If H < 9 Then」，表示如果是在早上9點過後開啟檔案，便執行接下來的程式。

150~160：先利用「Date」函數取得目前日期，再分別利用「Year」、「Month」、「Day」將日期從「2017/10/22」改為「20171022」，再把「20171022」設定為變數「D」的值，和上一節的作法相同，這是配合工作表名稱及檔案不能含有「/」字元的權宜作法。

170~200：「For Each Sht In ThisWorkbook.Worksheets」這是VBA關於工作表很常用一個語法，意思是以活頁簿中的每個工作表作為變數值，依序檢查是否已經存在名稱為「D」的工作表，有的話，將邏輯變數「FX_Exist」值設定為「True」，否則維持預設的「False」。

210~220：根據「FX_Exist」的邏輯值設定文字變數Txt，作為「MsgBox」的提示訊息，這裡用到VBA的判斷函數「IIf」，其用法如同Excel裡「If」函數的翻版。

230~250：結束從第90列開始的「If...Then...Else」陳述式，最後並且結束此巨集。

列號	V B A 程 式 碼
130	'確認是否已取得匯率資料
140	Else
150	D = Date
160	D = Year(D) & Month(D) & Day(D)
170	FX_Exist = False
180	For Each Sht In ThisWorkbook.Worksheets
190	If Sht.Name = D Then FX_Exist = True: Exit For
200	Next Sht
210	Txt = IIf(FX_Exist, "已取得當天匯率", "尚未取得當天匯率")
220	MsgBox (Txt)
230	End If
240	
250	End Sub

3 嘗試於三更半夜或大清早開啟檔案，果真跳出提示訊息框。

4 在當天尚未取得匯率資料的情況下，會自動跳出提醒。

5 如圖所示，藉助提醒及上一節取得匯率的巨集，已經得到連續3天的匯率 (20171022~20171024)的資料，現在想將各個匯率工作表整合成明細表，先手動建立「Summay」工作表，適當整理過標題及格式。

日期	幣別	現金買入	現金賣出	即期買入	即期賣出

Summary | Template | VBA | 20171022 | 20171023 | 20171024

6 編寫「Combined_Sheets」巨集，其中用到VBA語法的對象、屬性、方法，前面章節或多或少都有提過，因此毋庸贅述。

列號	V B A 程 式 碼
10	Public Sub Combined_Sheets()
20	
30	'變數宣告及設定
40	Dim Sht As Worksheet, N, M As Integer, W As String
50	N = Worksheets.Count
60	
70	'合併工作表資料
80	For i = 5 To N
90	M = Worksheets("Summary").UsedRange.Rows.Count
100	W = Worksheets(i).Name
110	Range(Worksheets(i).Cells(3, 1), Worksheets(i).Cells(21, 5)).Copy Sheets("Summary").Cells(M + 1, 2)
120	Range(Worksheets("Summary").Cells(M + 1, 1), Worksheets("Summary").Cells(M + 19, 1)).Value = W
130	Next i
140	
150	'格式調整
160	Worksheets("Summary").Columns(1).Font.Name = "微軟正黑體"
170	Worksheets("Summary").Columns(1).Font.Size = 18
180	
190	End Sub

 成功彙總各個日期的匯率資料！

日期	幣別	現金買入	現金賣出	即期買入	即期賣出
20171022	美金 (USD)	29.885	30.427	30.185	30.285
20171022	港幣 (HKD)	3.724	3.919	3.844	3.904
20171022	英鎊 (GBP)	38.64	40.57	39.51	39.93
20171022	澳幣 (AUD)	23.43	24.09	23.62	23.85
20171022	加拿大幣 (CAD)	23.8	24.54	24.07	24.29
20171022	新加坡幣 (SGD)	21.72	22.5	22.14	22.32
20171022	瑞士法郎 (CHF)	30.15	31.21	30.68	30.97
20171024	泰幣 (THB)	0.8089	0.9519	0.8974	0.9374
20171024	菲國比索 (PHP)	0.5381	0.6711	-	-
20171024	印尼幣 (IDR)	0.00188	0.00258	-	-
20171024	歐元 (EUR)	34.89	36.04	35.39	35.79
20171024	韓元 (KRW)	0.02507	0.02897	-	-
20171024	越南盾 (VND)	0.00096	0.00146	-	-
20171024	馬來幣 (MYR)	6.086	7.656	-	-
20171024	人民幣 (CNY)	4.463	4.625	4.535	4.585

Summary　Template　VBA(1)　VBA(2)　20171022　20171023　20171024

綜合上一節到這一節所述，本書介紹3個取得資料的步驟：首先是得到當天資料作為單獨一個工作表、接著設定某個Excel檔案作為資料庫、最後將一段期間的各個工作表彙總合併，兼顧每天即時需求及歷史存檔統計的功能。只要是像匯率這一類每天更新的網頁，這樣方法都可以類推適用，匯率是較為符合財務會計的用途，如果是貿易商，可能想取得大宗物料的每日價格，如果是出版社，可能想取得書籍銷售的每日排行，如果是個人，可能是投資分析取得公開財報，在如今網路上什麼都有的資訊時代，確實相當方便。

8-3 匯率趨勢圖表

　　上一節取得了一段期間的匯率資料，整合成一份合乎格式的明細表，這是資料分析的前半部，在取得資料整理完之後，才能進一步分析，而如同前面章節所述，Excel中最強大的分析工具莫過於樞紐分析圖表，這一節便要介紹以此工具編製可快速切換幣別的匯率趨勢圖表：

1 依照7.3相同方法，建立樞紐分析表後適當地配置欄位。

2 產生的樞紐分析表如圖所示，點「美金(USD)」右邊的小漏斗下拉選單，
可以快速切換報表的幣別。

B7	:	×	✓	fx	90.905

◢	A	B
1	幣別	美金 (USD) 🔽
2		
3	日期 🔽	求和项:即期賣出
4	20171022	30.2850
5	20171023	30.3050
6	20171024	30.3150
7	總計	90.9050

3 將滑鼠游標停留在樞紐分析表的任一儲存格，上方功能區會出現「樞紐
分析表工具」，於「分析」、「工具」中選擇「樞紐分析圖」：「在此樞紐分析
表中插入繫結該資料的樞紐分析圖。」

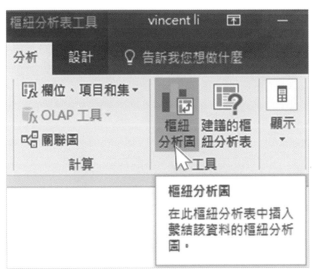

4 「插入圖表」視窗中選擇「折線圖」中的「含有資料標記的折線圖」。

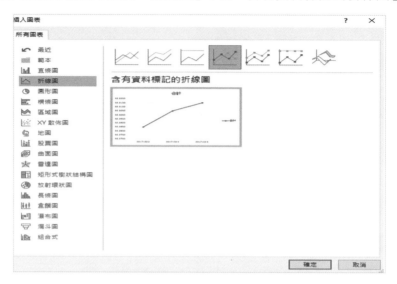

5 和第三個步驟類似,將滑鼠游標停留在樞紐分析圖的任一儲存格,上方功能區會出現「樞紐分析圖工具」,於「設計」、「圖表版面配置」中「新增圖表項目」下拉,設定要有「資料標籤」,位置為「上」。

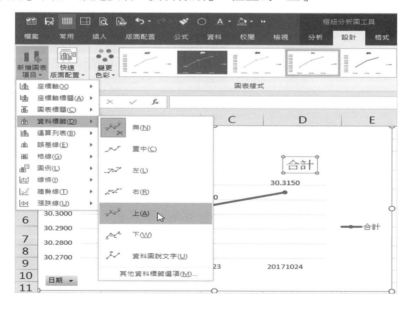

6 和樞紐分析表相同，除了上方功能區的正式路徑，調整樞紐分析圖格式最便捷方法，是直接在圖表上目標部位執行。例如將滑鼠游標移到圖表上面的標題，將「合計」改成「匯率趨勢圖」，再按滑鼠右鍵，便會跳出快速指令，將標題的外框設定為「無外框」。

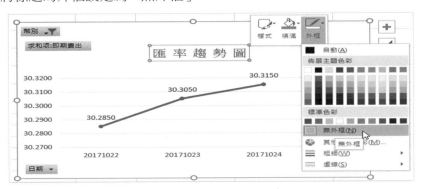

7 也是和樞紐分析表相同，在樞紐分析圖最左上角，有個「幣別」圖示，點右邊小漏斗，便可快速折線圖的幣別資料。

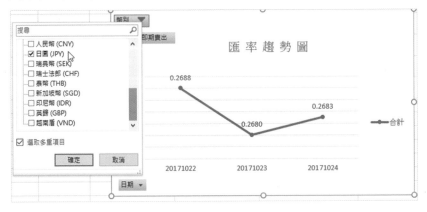

　　Excel的樞紐分析表和樞紐分析圖是一體兩面，同一個資料來源分別做出來的報表及圖表，從這一節範例可以看得出來，分析表將資料用精準聚焦的方法呈現表達，分析圖將趨勢用一目瞭然的圖案展現出來，兩者各有特色，讀者在收集好了相關資料之後，可以視情況考慮用報表或者是圖表加以分析。

8-4 財報另存新檔

　　從8.1到8.3，分享如何將每日匯率儲存於分別的工作表，累積一段時間再彙總分析，如此雖然方便，然而所有工作表資料放在同一個活頁簿，數量多的話，不是很好處理。例如一年有365天、扣除假日估算250個工作天，也就是在同一活頁簿會有250個工作表，光是想像就不太容易。這裡以第五章財務報表為例，介紹另一種可行方法，把每次取得的資料儲存為一個Excel檔案，有需要時再調出來整理分析，以下具體分享：

1 首先，建立一個Excel報表，於格式設計包含所有關鍵參數。

E2	▼	⋮	×	✓	fx	4	

▲	A	B	C	D	E
1	檔案序號	公司代碼	公司簡稱	年度	季度
2	1	2002	中鋼	2016	4

2 編寫如下VBA程式碼：

10~30：「Option Explicit」意思是強制必須宣告變數，在程式碼較多的情況，建議在一開始、程序的上面寫上這麼一段話。接著的「Public」為宣告公共變數，如果有定義那些公共變數的話，其值可以跨模組延用。

70~140：和先前章節類似的變數定義方式，這裡用到「CInt」函數將值轉換為整數，其用法和「CStr」文字函數類似。這裡的「Application.InputBox」方法在之前章節常用，意思是以輸入視窗的方式填入儲存格參照，並且將同一行的其他欄位資料合併，作為想取得資料網頁的儲存位置。

160~200：先前章節習慣使用「For…Next」，其間皆是以等差級數作為循

環，但如果遇到像這裡想以一組文字依序循環，必須用數列設定集合變數，宣告一個「Variant」變數代表集合中的個數。以這裡為例，便是將「FR(2)」、「FR(3)」、「FR(4)」設定為文字變數「report」，其值依序為「Balance Sheet」、「Income Statement」、「Cash Flows」。

列號	V B A 程 式 碼
10	'公共變數宣告
20	Option Explicit
30	Public Rank, Stock, Y, Season, T1, T2 As Integer, Company, WebAddress, DesCell As String
40	
50	Public Sub Financial_Reports()
60	
70	'變數定義
80	Rank = CInt(Application.InputBox("A欄位中的最新序號", "請選擇想取得公開財報的檔案序號", Type:=10))
90	Stock = Sheets("Files").Cells(Rank + 1, 2).Value
100	Company = Sheets("Files").Cells(Rank + 1, 3).Value
110	Y = Sheets("Files").Cells(Rank + 1, 4).Value
120	Season = Sheets("Files").Cells(Rank + 1, 5).Value
130	WebAddress = "URL;http://mops.twse.com.tw/server-java/t164sb01?step=1&CO_ID=" & Stock & "&SYEAR=" & Y & "&SSEASON=" & Season & "&REPORT_ID=C"
140	DesCell = Cells(1, 1).Address
150	
160	'設定數列變數
170	Dim FR(2 To 4) As String, report As Variant
180	FR(2) = "Balance Sheet"
190	FR(3) = "Income Statement"
200	FR(4) = "Cash Flows"

200~350：如同上一章第五節所言，「For Each In…Next」是一種特別的「For…Next」循環語句，它循環的對象為集合或數列裡的每一個元素或項目。搭配「T1」、「T2」的計算式，循環依序建立「Balance Sheet」、「Income Statement」、「Cash Flows」3個工作表，並且將同一網頁中第二個、第三個、第四個表格資料下載到各個工作表。

列號	Ｖ Ｂ Ａ 程 式 碼
200	FR(4) = "Cash Flows"
210	
220	'集合迴圈取得財報
230	T1 = 0
240	For Each report In FR
250	T1 = T1 + 1
260	T2 = T1 + 1
270	ActiveWorkbook.Sheets.Add after:=Worksheets(Worksheets.Count)
280	ActiveSheet.Name = report
290	Application.CutCopyMode = False
300	With ActiveSheet.QueryTables.Add(Connection:=WebAddress, Destination:=Range(DesCell))
310	.WebSelectionType = xlSpecifiedTables
320	.WebTables = T2
330	.Refresh BackgroundQuery:=False
340	End With
350	Next report

3 先測試看看，故意將程式碼中的「WebAddress」改成「WebAdress」，因為拼字錯誤並沒有宣告變數，執行程式果然跳出提示視窗：「編譯錯誤：變數未定義」。

4 正式執行巨集程式，首先會跑「Application.InputBox」，出現輸入儲存格參照的視窗，在這裡選擇「A2」。

	A	B	C	D	E
1	檔案序號	公司代碼	公司簡稱	年度	季度
2	1	2002	中鋼	2016	4

請選擇想取得公開財報的檔案序號　？　✕

A欄位中的最新序號

=$A$2

確定　　取消

5 如願新增了工作表，同時還將3大財務報表都下載好了！

| A2 | ▼ | ⋮ | × | ✓ | *fx* | 資產負債表 |

	A	B	C
1	會計項目	2016年12月31日	2015年12月31日
2	資產負債表		
3	資產		
4	流動資產		
5	現金及約當現金		
6	現金及約當現金總額	15,467,768	20,334,823
7	透過損益按公允價值衡量之金融資產 - 流動		
8	透過損益按公允價值衡量之金融資產 - 流動合計	3,288,349	3,441,885
9	備供出售金融資產 - 流動		
10	備供出售金融資產 - 流動淨額	2,806,737	3,839,902
11	避險之衍生金融資產 - 流動	36,784	123,828

◀ ▶ ｜ Files ｜ VBA(1) ｜ **Balance Sheet** ｜ Income Statement ｜ Cash Flows ｜ ⊕

就緒 🔲

6 同場加映，設計VBA程式碼將財務報表另存新檔。

列號	V B A 程 式 碼
10	Public Sub SavingFR()
20	
30	'呼叫其他程序
40	Call Financial_Reports
50	
60	'設定檔案名稱，儲存關閉
70	N = Rank & "-" & Stock & "-" & Company & "-" & Y & "-" & Season & ".xlsx"
80	Route = "C:\Users\b8810\Documents\FRs\" & N
90	Worksheets(Array("Balance Sheet", "Income Statement", "Cash Flows")).Move
100	ActiveWorkbook.SaveAs Route
110	ActiveWorkbook.Close savechanges:=True
120	
130	End Sub

7 果然冒出來：「1-2002-中鋼-2016-4」，這是財報資料庫的第一個檔案。

8 最後補充，因為每位讀者所偏好的資料夾不同，可以在自己電腦滑鼠右鍵，點選「內容」，出現如圖所示的視窗，其中的「位置」便是目前所在的資料夾路徑：「C:\Users\b8810\Documents」，再加上本身的資料夾名稱，即為這一節VBA程式碼的「C:\Users\b8810\Documents\FRs\」。

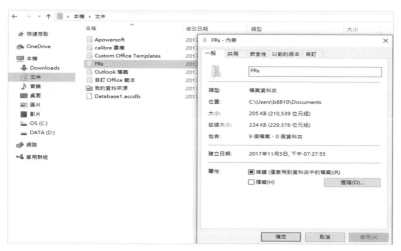

　　此處介紹的方法是先在Excel建立一個表單，執行程式時讓操作者選擇表單中任何一項，不過其實也可以預設好想下載哪些財報，編寫於VBA程式中，直接將網頁資料儲存成電腦檔案。這裡之所以透過表單中介，一方面是留有一份資料庫清單，另一方面保有彈性，用Excel輸入資料還是比較快，毋須捨本逐末，什麼都要寫成VBA程式碼。

8-5 檔案資料建立

本節介紹如何取得一家公司單一季度的3大財報，實際上進行財務分析，不僅會結合不同財報或不同公司作垂直比較，也會橫跨多個期間作水平比較，像這種情況，必須先把這些財報都添加到資料庫中，以下分享具體作法：

1 想取得3家公司3個年度第四季度的財務報表，如下表所示，後面新增一個欄位「檔案名稱」。

	A	B	C	D	E	F
	檔案序號	公司代碼	公司簡稱	年度	季度	檔案名稱
1						
2	1	2002	中鋼	2016	4	
3	2	2002	中鋼	2015	4	
4	3	2002	中鋼	2014	4	
5	4	1722	台肥	2016	4	
6	5	1722	台肥	2015	4	
7	6	1722	台肥	2014	4	
8	7	1737	臺鹽	2016	4	
9	8	1737	臺鹽	2015	4	
10	9	1737	臺鹽	2014	4	

Memo

2 編寫VBA程式碼：

70~90：和1-4類似，這裡設計執行兩次「Application.InputBox」，用意是依序輸入「A欄位中的起始序號」和「A欄位中的結尾序號」。

110~190：依照前面所輸入的序號設計迴圈，依次根據清單序號上的公司代碼、年度、季度等資訊，定義VBA程式裡的變數。

列號	V B A 程 式 碼
10	'公共變數宣告
20	Option Explicit
30	Public i, Rank1, Rank2, Stock, Y, Season, T1, T2 As Integer, Company, WebAddress, DesCell, N, Route As String
40	
50	Public Sub Download_Financial_Reports()
60	
70	'變數定義
80	Rank1 = CInt(Application.InputBox("A欄位中的起始序號", "請選擇想取得公開財報的檔案序號", Type:=10))
90	Rank2 = CInt(Application.InputBox("A欄位中的結尾序號", "請選擇想取得公開財報的檔案序號", Type:=10))
100	
110	'檔案序號迴圈
120	For i = Rank1 To Rank2
130	
140	Stock = Sheets("Files").Cells(i + 1, 2).Value
150	Company = Sheets("Files").Cells(i + 1, 3).Value
160	Y = Sheets("Files").Cells(i + 1, 4).Value
170	Season = Sheets("Files").Cells(i + 1, 5).Value
180	WebAddress = "URL;http://mops.twse.com.tw/server-java/t164sb01?step=1&CO_ID=" & Stock & "&SYEAR=" & Y & "&SSEASON=" & Season & "&REPORT_ID=C"
190	DesCell = Cells(1, 1).Address

210~400：和上一節相同設定數列變數，接著利用集合迴圈取得財報。

列號	V B A 程 式 碼
190	DesCell = Cells(1, 1).Address
200	
210	'設定數列變數
220	Dim FR(2 To 4) As String, report As Variant
230	FR(2) = "Balance Sheet"
240	FR(3) = "Income Statement"
250	FR(4) = "Cash Flows"
260	
270	'集合迴圈取得財報
280	T1 = 0
290	For Each report In FR
300	T1 = T1 + 1
310	T2 = T1 + 1
320	ActiveWorkbook.Sheets.Add After:=Worksheets(Worksheets.Count)
330	ActiveSheet.Name = report
340	Application.CutCopyMode = False
350	With ActiveSheet.QueryTables.Add(Connection:=WebAddress, Destination:=Range(DesCell))
360	.WebSelectionType = xlSpecifiedTables
370	.WebTables = T2
380	.Refresh BackgroundQuery:=False
390	End With
400	Next report
410	

420~500：定義變數「N」為想要儲存的檔案名稱，先將此名稱寫入Excel工作表「Files」的清單中第六欄，也就是「F」欄，同時也將此檔案名稱與電腦資料夾路徑結合，然後把前面從網頁所取得3個財報工作表移動到新活頁簿，將新活頁簿儲存在設定好的「Route」路徑名稱並關閉，最後再迴圈執行下一個「i」。

列號	Ｖ　Ｂ　Ａ　程　式　碼
420	'設定檔案名稱，儲存關閉
430	N = i & "-" & Stock & "-" & Company & "-" & Y & "-" & Season & ".xlsx"
440	ActiveWorkbook.Sheets("Files").Cells(i + 1, 6).Value = N
450	Route = "C:\Users\b8810\Documents\FRs\" & N
460	Worksheets(Array("Balance Sheet", "Income Statement", "Cash Flows")).Move
470	ActiveWorkbook.SaveAs Route
480	ActiveWorkbook.Close savechanges:=True
490	
500	Next i
510	
520	End Sub

3 執行巨集程式，首先是輸入儲存格參照視窗，第一次是「A2」、第二次是「A9」，意思是想一次取得1到9個財報檔案，清單中的F欄本來保留空白，於程式執行後會自動填上已儲存的檔案名稱。

	A	B	C	D	E	F
	檔案序號	公司代碼	公司簡稱	年度	季度	檔案名稱
1						
2	1	2002	中鋼	2016	4	1-2002-中鋼-2016-4.xlsx
3	2	2002	中鋼	2015	4	2-2002-中鋼-2015-4.xlsx
4	3	2002	中鋼	2014	4	3-2002-中鋼-2014-4.xlsx
5	4	1722	台肥	2016	4	4-1722-台肥-2016-4.xlsx
6	5	1722	台肥	2015	4	5-1722-台肥-2015-4.xlsx
7	6	1722	台肥	2014	4	6-1722-台肥-2014-4.xlsx
8	7	1737	臺鹽	2016	4	7-1737-臺鹽-2016-4.xlsx
9	8	1737	臺鹽	2015	4	8-1737-臺鹽-2015-4.xlsx
10	9	1737	臺鹽	2014	4	9-1737-臺鹽-2014-4.xlsx

F10 欄位公式：9-1737-臺鹽-2014-4.xlsx

4 成功依照清單指示新增9個檔案，這裡要留意一點，如果是選擇1到9，上一節留下來的第一個檔案最好刪除，不然程式可能不知該怎麼處理現有相同檔案而中斷報錯，本來一般程式會設計自動偵錯及處理機制，這裡簡便起見並沒有特別考慮這一點。

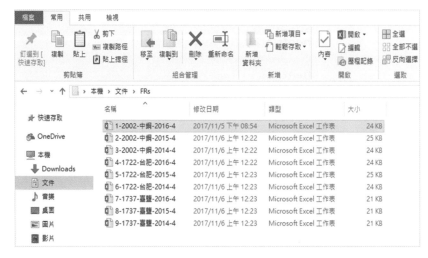

5 建立資料庫之後，再來是編寫取得資料庫的程式，這裡程式雖多，用法概念前面章節都有介紹過了，其中一個新的開啟活頁簿：「Workbooks.Open Filename:=Route」，對於讀完這本書的程式功力基礎而言，應該已是不難理解。

列號	V B A 程 式 碼
10	'強制宣告
20	Option Explicit
30	
40	Public Sub Open_FR()
50	
60	'宣告變數
70	Dim N1, N2 As String, Rank3 As Integer
80	Rank3 = CInt(Application.InputBox("A欄位中的檔案序號", "請選擇財報檔案", Type:=10))
90	N1 = Cells(Rank3 + 1, 6)
100	N2 = Replace(N1, ".xlsx", "")
110	
120	'開啟資料庫檔案
130	Worksheets.Add
140	ActiveSheet.Name = N2
150	Route = "C:\Users\b8810\Documents\FRs\" & N1
160	Workbooks.Open Filename:=Route
170	
180	'複製資料
190	Workbooks(N1).Sheets(1).Columns("A:C").Copy ThisWorkbook.Sheets(N2).Columns(1)
200	Workbooks(N1).Sheets(2).Columns("A:C").Copy ThisWorkbook.Sheets(N2).Columns(5)
210	Workbooks(N1).Sheets(3).Columns("A:C").Copy ThisWorkbook.Sheets(N2).Columns(9)
220	Workbooks(N1).Close
230	
240	'格式調整
250	ThisWorkbook.Sheets(N2).Activate
260	Union(Columns(1), Columns(5), Columns(9)).ColumnWidth = 25
270	Union(Columns(2), Columns(3), Columns(6), Columns(7), Columns(10), Columns(11)).ColumnWidth = 16
280	Union(Columns(4), Columns(8)).ColumnWidth = 3
290	
300	End Sub

6 執行巨集「Open_FR」，在出來的「請選擇財報檔案」視窗選擇第一個檔案，在目前活頁簿中先增一張工作表，將檔案中的3張工作表一起複製到這個新增的工作表。

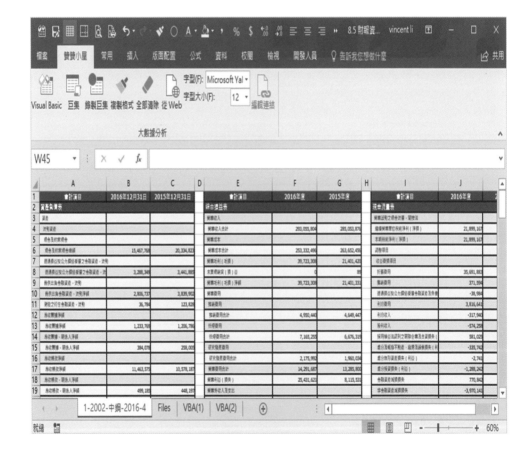

7 每個年度的報表會包含之前比較，因此利用14年度和16年度的財務報表，可以簡單進行跨4個年度的財務分析。

	A	B	C	D	E	F
		F7		='1-2002-中鋼-2016-4'!B88		
1	報表	項目	2013年度	2014年度	2015年度	2016年度
2	現金流量表	營運產生之現金流入（流出）	55,517,777	68,678,636	54,051,808	57,375,686
3	現金流量表	本期現金及約當現金增加（減少）	-6,417,814	118,215	6,395,283	-3,714,744
4	綜合損益表	營業收入合計	347,828,838	366,510,697	285,053,876	293,055,804
5	綜合損益表	本期綜合損益總額	22,358,004	28,360,965	4,544,414	18,011,271
6	資產負債表	流動資產合計	148,237,385	148,366,811	135,142,176	140,055,190
7	資產負債表	其他流動負債合計	134,854,840	131,505,517	134,366,854	123,150,208
8						

財報分析　1-2002-中鋼-2016-4　3-2002-中鋼-2014-4　Files　VBA(1)　VBA(2)

一般提到大數據，指的巨量無法以傳統方式處理的資料，這些資料並不是突然間出現，而是電子數據日積月累起來的。對於個人而言，同樣可以生活或工作中所需要的資料，利用Excel儲存起來，日積月累便是專屬於個人的大數據資料庫，視情況拿出來加以分析。以財務報表為例，雖然可以野心很大，精心設計VBA迴圈將所有公開公司的財報一次下載，但是這麼一來，顯然超乎Excel本身預設的計算能力，而且沒有實質的分析效益，還是比較建議用比較自然的方式，像這一節的範例，一次又一次地累積，建立自己特有的資料分析庫。

寫在文末

　　資料分析有兩個層面：先取得相關資料、後進行有意義的分析。一方面取得網頁資料的技術大部分人比較不熟悉，另方面資料處理是一般Excel書籍的重點，因此這本書會側重於藉助Excel VBA取得網站資料，第一章到第六章介紹某特定類型的網站如何獲取資料，到了第七章和第八章是綜合運用，總承前面幾章所學技巧，批次取得所需要的完整資料，接著進行有意義分析，依照情況還可以透過Outlook發送結果，所以七八章不但是補充前面章節不足的部分，同時也是就全書內容做個總復習。

　　針對這本書的VBA技術3點補充：

　　首先，從做中學永遠是最快的！贊贊小屋無論是Excel或者VBA，皆緊密與實際應用相結合，作為講解說明的出發點。「首張同名專輯」《會計人的Excel小教室》票房口碑不錯，感謝各位讀者捧場，其獨門特色便是以會計實務個案為核心，介紹工作上最常用函數指令，到了《會計人的Excel VBA小教室》，雖然有一半是關於VBA介紹，但一來篇幅有限，二來會計非得用到VBA的情況不多，所以《會計人的Excel VBA小教室》最多僅能讓讀者對於VBA有基礎概念，操作一些簡單範例，算是初學者的簡單入門。

　　如今到了贊贊小屋第三本書：《人人做得到的網路資料整理術！》，主要內容為如何取得網頁資料，技術上以VBA來說至少是進階水平，各個網站

的狀況架構不一樣，可能需要不同類型的程式代碼處理，書裡面各個章節的VBA範例非常多，有心研讀完這本書，每個範例程式如果都能夠融會貫通，可以算是VBA達人中級了。

第二點，VBA和Excel應當是相輔相成。學習VBA容易陷入一種執著，苦心鑽研VBA技術，力求讓後台的程式代碼全面取代前台的Excel操作、達到全面自動化境界。這個技術上可行，VBA正是把所有Excel操作以程式方式編寫成指令，其強項微軟官網寫的很清楚：一方面把好幾個重複步驟合在一起，寫成像是一鍵懶人包，方便相同對象再次執行一二三步驟；另一方面，就有規則可循的不同Excel對象，也可以一個一個分別執行類似的多步驟操作。

至於VBA弱點，和它的強項正是一體兩面，Excel本來是應用軟體，所有操作於本質上即為電腦程式，所以一定能以代碼形式呈現，不過隨之而來是較高的學習門檻。

個人電腦發展史一路從Dos進化到Windows，不正是從程式代碼轉換成圖像按鈕，才能如此普及深化。一般人熟悉了Excel快捷便利的前台操作，一下子要跳到後台寫程式讓Excel動起來，可想而知會遇到諸多困難。贊贊小屋學習和出書的歷程和大家一樣，都是先熟悉Excel再進階到VBA，兩者並行不悖，在本書的許多範例，Excel和VBA都是相輔相成，需要的時候一定要VBA，但也不至於什麼都是VBA，很多情況直接操作Excel才是王道，這一點以過來人經驗，提供有心讀者參考。

第三點，既然是取得網頁資料，對於網頁技術必然須具備基本瞭解，如同書本所示，Excel VBA 有兩種方法取得網頁資料：Query.table 和 Application.object。其中 Query.table 可設置取得整個網頁或網頁中表格，如此有兩種極端情形，倘若想要資料在網頁已經以表格形式寫好了，取資料時相當方便，直接下來便是所需資料，而且是 Excel 表格形式。然而，假使網頁沒有表格、或者目標並非表格形式，事情變得棘手，勢必要下載整個網頁，然後運用種種 Excel 技巧，將相關資料擷取出來。

另一個 VBA 取得網頁的方法為 Application 建立物件，它比較靈活，是透過 Excel 開啟 IE 瀏覽器，用純粹瀏覽器方式抓取網頁資料，最好對於網頁技術有基礎瞭解，瞭解遠端伺服器以什麼格式傳送資料給瀏覽器，至少對關鍵的 HTML DOM 結構模型下點功夫，便能很精準設計 VBA 程式代碼，告訴 IE 瀏覽器抓取哪一個網頁節點的資料，如此 Application.object 可以做到 Query.table 不容易完成的任務。

以上三點補充，相信可以給讀完這本書的讀者一些參考借鏡。

本書命名為《人人做得到的網路資料整理術！》，其實所謂大數據是因應如今資訊爆炸的時代，所累積起來的電子資料量，已經大於傳統電腦或軟體足以勝任的情況，企業、政府、科學家必須考慮以更為先進的方法處理資料，其中一個方法將資料化整為零，打散到各個處理器分別運算，最後才將結果集中彙總。以這本書所提到的各類型網頁而言，再怎樣不會達到真正大數據程度，然而所有道理是一貫相通，對於個人而言，工作生活中只要有涉

及到資料分析，都可以像大數據分析一樣，平時便將資料以電子形式儲存起來，有需要擷取某部份資料出來，根據需求加以分析，可謂是屬於個人應用層面的大數據，其中如何以Excel VBA的方法完成此任務，便是這本書主要核心內容，如同贊贊小屋一脈相傳的特色，書中所有範例皆源自於實務案例，和實務緊密關連，每個人都有自己特殊的狀況和需求，希望這本書拋磚引玉，幫助讀者進行專屬個人的大數據分析。

再次感謝各位讀者。

台灣廣廈 國際出版集團
Taiwan Mansion International Group

國家圖書館出版品預行編目資料

人人做得到的網路資料整理術：AI時代一定要會的工作技巧，大數據資料
不再複製、貼上做到死！/ 贊贊小屋 著，
-- 初版.-- 新北市：財經傳訊, 2017.12
　面；　公分.--（sense；30）
ISBN 978-986-130-383-3 （平裝）
1.職場成功法　2.商業資料處理　3.EXCEL
494.35　　　　　　　　　　　　　　　　　　106021487

財經傳訊
TIME & MONEY

人人做得到的網路資料整理術：

AI時代一定要會的工作技巧，大數據資料不再複製、貼上做到死！

作　　者／贊贊小屋　　　　編輯中心／第五編輯室
　　　　　　　　　　　　　編 輯 長／方宗廉
　　　　　　　　　　　　　封面設計／張哲榮
　　　　　　　　　　　　　製版・印刷・裝訂／東豪・弼聖・紘億・秉成

發 行 人／江媛珍
法律顧問／第一國際法律事務所 余淑杏律師・北辰著作權事務所 蕭雄淋律師
出　　版／台灣廣廈有聲圖書有限公司
　　　　　地址：新北市235中和區中山路二段359巷7號2樓
　　　　　電話：（886）2-2225-5777・傳真：（886）2-2225-8052

行企研發中心總監／陳冠蒨
媒體公關組／徐毓庭
綜合行政組／郭羿伶
　　　　　地址：新北市234永和區中和路354號18樓之2
　　　　　電話：（886）2-2922-8181・傳真：（886）2-2929-5132

全球總經銷／知遠文化事業有限公司
　　　　　地址：新北市222深坑區北深路三段155巷25號5樓
　　　　　電話：（886）2-2664-8800・傳真：（886）2-2664-8801
　　　　　網址：www.booknews.com.tw （博訊書網）
郵 政 劃 撥／劃撥帳號：18836722
　　　　　劃撥戶名：知遠文化事業有限公司（※單次購書金額未達500元，請另付60元郵資。）

■ 出版日期：2018年1月初版　　2018年10月2刷
ISBN：978-986-130-383-3　　版權所有，未經同意不得重製、轉載、翻印。